Bruno Del Medi(

Il Campo di Coscienza. Verso una mente universale condivisa.

La nuova teoria dei campi trasforma la coscienza individuale in una realtà cosmica.

ISBN 9791282549974
Bruno Del Medico Editore.
Edizioni PensareDiverso
edizioni@delmedico.it
www.giardinoquantico.it

Edizioni PensareDiverso
Collana Cenacolo Jung Pauli

La coscienza oltre l'individuo.

Sommario

Introduzione.

Per molto tempo abbiamo creduto che la coscienza fosse un fatto privato, custodito nella testa di ciascuno. Una sorta di stanza chiusa, una fiammella individuale che illuminava solo il nostro mondo interno. Oggi però qualcosa sta cambiando. Le ricerche scientifiche sul comportamento collettivo, le scoperte delle neuroscienze sociali, le teorie contemporanee della mente distribuita e persino certe intuizioni nate dalle tradizioni contemplative sembrano tutte raccontare una storia diversa: forse la coscienza non è solo "mia" o "tua". Forse non inizia e finisce col confine del nostro corpo. Forse, invece, esiste uno spazio più ampio in cui siamo immersi, un territorio condiviso in cui i nostri pensieri, emozioni e percezioni non sono separati, ma profondamente intrecciati. E questo spazio assomiglia sorprendentemente a un campo diffuso, qualcosa che ci avvolge e ci attraversa, proprio come i campi elettromagnetici o il campo gravitazionale. Non lo vediamo, così come non vediamo la gravità, eppure ne percepiamo gli effetti. Non lo tocchiamo, così come non tocchiamo le onde radio, eppure siamo costantemente immersi nelle loro influenze. Tutto fa ritenere che esista un campo di coscienza: un campo sottile, esteso, che non appartiene a nessuno ma sostiene tutti. Quando due individui entrano in relazione, non è solo un incontro tra due menti: è l'attivazione locale di questo campo. Qualcosa si accende, si densifica, prende forma. È per questo che certe conversazioni sembrano "pensare da sole", che alcune stanze "vibrano" di un'energia particolare, che i gruppi profondamente connessi sembrano attingere a un'intelligenza che supera la somma dei singoli.

Possiamo immaginare questo campo di coscienza come un grande oceano. Un oceano invisibile, ma reale nei suoi effetti, che avvolge ogni cosa e attraversa ciascuno di noi. In questo oceano, le nostre coscienze individuali non sono entità separate: sono onde. Onde che emergono, prendono forma, si innalzano e si dissolvono, lasciando spazio ad altre onde. Ognuna ha una sua fisionomia, un suo ritmo, una sua altezza, proprio come ciascuno di noi ha una storia, un carattere, un modo di sentire il mondo. Ma tutte le onde appartengono allo stesso mare. Nessuna esiste al di fuori di esso.

Pensare alla coscienza, in questo modo, non significa negare la nostra individualità: significa vederla dentro un contesto più vasto. Come l'onda non perde la sua identità solo perché è fatta della stessa acqua dell'oceano, anche noi non perdiamo noi stessi quando riconosciamo di essere partecipi di qualcosa di più grande.

Una seconda immagine può aiutarci ad avvicinarci a questo stesso mistero da un'altra angolatura: quella delle onde radio. Immaginiamo che esista una grande emittente, sempre attiva, che trasmette un flusso continuo di informazioni, intuizioni, possibilità. Non un messaggio unico e rigido, ma un ventaglio di frequenze, come un coro di potenzialità che riempie lo spazio. E immaginiamo i cervelli umani come elementi sintonizzati. Ricevono, decodificano, traducono. Ma ognuno lo fa a modo suo, con una sensibilità e una qualità di ricezione diversa,

Questo è un libro per chi si interroga su come funziona l'essere umano quando non è solo. Per chi intuisce che nei momenti più intensi della vita qualcosa si apre, qualcosa circola, qualcosa si espande. Per chi sospetta che la coscienza non sia un oggetto da possedere, ma un processo da condividere. Se è vero che siamo nodi di un grande tessuto, allora forse è tempo di imparare a vederlo. E, soprattutto, a viverlo. Perché è lì, in quello spazio comune, che diventiamo davvero umani.

Le tesi.

1/. La coscienza non è un prodotto isolato del cervello individuale, ma un fenomeno emergente che nasce dall'interazione tra organismi, ambiente e relazioni.

2/. Le neuroscienze sociali mostrano che i cervelli si sincronizzano, risuonano e si influenzano reciprocamente, suggerendo l'esistenza di campi dinamici condivisi che trascendono l'individuo.

3/. La psicologia dei gruppi e la fenomenologia dell'incontro rivelano che stati mentali collettivi reali emergono quando le persone sono profondamente allineate, creando una "coscienza più ampia" rispetto a quella individuale.

4/. Le scienze della complessità indicano che sistemi sufficientemente interconnessi generano proprietà emergenti non riducibili alle singole parti: tra queste, forme di intelligenza e percezione distribuita.

5/. Le tradizioni contemplative convergono su un'intuizione millenaria: esiste un livello di coscienza che precede l'individuo e lo sostiene, un campo unitario che diventa esperibile in stati ampliati di consapevolezza.

6/. Le teorie contemporanee della mente estesa e incorporata dimostrano che il pensiero non risiede solo nel cervello ma si distribuisce attraverso corpo, ambiente e relazioni.

7/. Le dinamiche affettive e il contagio emotivo testimoniano che emozioni, stati interni e intenzioni circolano attraverso campi interpersonali, creando esperienze condivise difficili da spiegare con un modello individualista della mente.

8/. Le reti artificiali e i sistemi uomo–macchina offrono un laboratorio contemporaneo dove osservare la nascita di nuove forme di coscienza distribuita, confermando la plausibilità di campi cognitivi emergenti.

9/. L'insieme delle evidenze suggerisce che la coscienza non è generata dal singolo, ma che il singolo è una manifestazione locale di un campo più ampio e universale, dinamico, in continua modulazione.

10/. Se la coscienza è un campo universale, allora le vite umane si comprendono pienamente solo come nodi di un tessuto condiviso, e il futuro della mente dipende da come impariamo a connetterci, sincronizzarci e co-creare realtà insieme.

I°. Un campo di coscienza.

Esiste un filo rosso che attraversa la storia dell'umanità. Un'idea che riaffiora nei sistemi religiosi arcaici, nei miti, nella filosofia classica, nella scienza moderna e perfino nelle tecnologie digitali. L'idea che la mente non sia rinchiusa dentro la scatola cranica, ma che esista un legame più profondo, una sorta di tessuto mentale condiviso che unisce gli esseri viventi. Oggi potremmo chiamarlo "campo di coscienza".

Questa espressione può sembrare audace. Evoca immagini che appartengono più alla poesia che ai laboratori di neuroscienze. Eppure, se osserviamo attentamente ciò che la scienza degli ultimi cento anni ci ha rivelato, scopriamo che molti pilastri della nostra visione del mondo sono cambiati. Le frontiere che separavano il soggettivo dall'oggettivo non sono più così nette. La fisica quantistica ci ha mostrato che la separazione assoluta tra due oggetti è un'illusione. Le neuroscienze contemporanee suggeriscono che la coscienza non è una produzione meccanica, come la combustione in un motore. E la filosofia della mente ha da tempo rinunciato all'idea che il cervello sia una macchina chiusa che genera pensieri in totale isolamento.

In questo scenario, ripensare la coscienza come un campo non è un'idea bizzarra. È semmai una possibilità plausibile, forse necessaria, per comprendere meglio chi siamo.

Scrivere di questi temi richiede cautela. Serve un linguaggio accessibile, ma senza rinunciare alla complessità. È un equilibrio simile a quello che ricercavano divulgatori come Primo Levi o Oliver Sacks. Possiamo scegliere questi due esempi, relativi due persone assolutamente distanti tra loro, come ne sceglieremmo moltissimi altri.

Né Primo Levi né Oliver Sacks semplificavano la realtà: la rendevano raccontabile. Lo facevano in modi diversi, pur condividendo un atteggiamento simile verso la scienza come parte integrante dell'esperienza umana. Per entrambi, la scienza non era qualcosa di astratto, separato, "da laboratorio". Era un modo di guardare il mondo, uno strumento per leggere la vita.

Levi: parlava di chimica come di un mestiere concreto, fatto di odori, reazioni, errori, attese. In Il sistema periodico gli elementi diventano personaggi, metafore, capitoli della propria biografia. La chimica emerge come una lente narrativa attraverso cui capire l'uomo e la memoria.

Sacks: raccontava casi neurologici come storie umane, cariche di emozione e complessità. Ogni disturbo diventava una finestra aperta sulla mente, non un'etichetta clinica.

Entrambi non semplificavano, ma selezionavano ciò che era essenziale. La loro grande abilità non era "fare divulgazione" nel senso riduttivo del termine; era piuttosto decantare la complessità: togliere il superfluo per lasciare ciò che illumina.

In sostanza non falsificavano, non banalizzavano: facevano ciò che fa un narratore maturo: trasformavano conoscenza specialistica in esperienza condivisibile. Entrambi raccontavano la scienza dall'interno, con un umanesimo naturale. In entrambi: capire significa avvicinarsi. E la scienza, raccontata così, diventa uno spazio comune.

La loro prosa ha in comune una qualità rara: la precisione che non rinuncia alla poesia. Rendere raccontabile non vuol dire "abbellire": vuol dire trovare la forma linguistica che permetta alla complessità di essere attraversata. È per questo che leggere Levi o Sacks dà la sensazione di muoversi in un territorio dove la scienza non spiega la vita: l'accompagna.

Questo capitolo ha lo stesso intento. Presentare al lettore le tesi centrali del libro. Mostrare perché oggi, più che in altre epoche, siamo pronti a interrogarci su un concetto come il "campo di coscienza". Offrire un percorso tra discipline diverse. Non per confonderle, ma per metterle in dialogo.

Daremo uno sguardo al significato dell'ipotesi, ai suoi confini e alle sue ambizioni. Chiariremo cosa possiamo dire con rigore e cosa resta, volutamente, nel territorio dell'esplorazione aperta.

Come scrisse il fisico John Wheeler: "*La realtà non è un dato di fatto. È un processo in cui partecipiamo*".

L'idea centrale: la coscienza come campo

L'idea che la coscienza possa essere un campo non nasce all'improvviso. Non è una moda intellettuale. È piuttosto il punto di arrivo di un lungo processo di maturazione culturale. Si presenta oggi con un volto nuovo, in parte scientifico e in parte filosofico. Ed è proprio questa doppia natura a renderla affascinante.

Immaginare la coscienza come un campo significa attribuirle una qualità che va oltre la biologia. Significa considerarla non come un prodotto finito, generato dal cervello, ma come una dimensione dell'esistenza. Una realtà diffusa, come lo sono il magnetismo o la gravità. Un medium invisibile che attraversa e unisce ciò che, in apparenza, è separato.

Molti lettori, a questo punto, potrebbero chiedersi se non si rischi di sconfinare nella metafisica. È una domanda legittima. Ma la storia della scienza è piena di concetti che sembravano metafisici prima di diventare strumenti operativi. La nozione di campo elettrico, ad esempio, quando fu proposta da Michael Faraday a metà Ottocento, venne accolta con scetticismo. Sembrava troppo astratta. Troppo vicina alla magia. Eppure, fu proprio quella intuizione a cambiare il mondo e a rendere possibili telegrafo, radio, elettronica. Faraday percepiva il campo come una presenza reale, non come una formula matematica. Diceva: "*Nulla è così meraviglioso come riuscire a vedere ciò che non è visibile*".

Qualcosa di simile accade oggi quando si parla di coscienza come campo. Non si tratta di vedere fantasmi o entità eteree. Si tratta di cercare un nuovo quadro concettuale. Un modo più preciso per descrivere fenomeni che la teoria classica della mente fatica a spiegare.

Prendiamo un esempio semplice. Ogni essere umano, in qualunque cultura, sviluppa spontaneamente un senso di connessione con gli altri. È un dato antropologico. Lo si vede nei rituali sociali più antichi, nelle danze collettive, nei cori, nelle veglie. Si vede anche nelle manifestazioni moderne: un concerto rock, una partita di calcio, una protesta civile. Luigi Pirandello, osservando la folla al Teatro Valle di Roma, scrisse che "*l'anima di molti diventa una sola*". Una frase poetica. Ma sorprendentemente vicina all'idea di una dimensione psichica condivisa.

Naturalmente, la psicologia moderna fornisce molte spiegazioni di questi fenomeni. Parla di imitazione, risonanza emotiva, neuroni specchio. Ma queste spiegazioni, pur importanti, non esauriscono la questione. Perché la sensazione di unità supera spesso il meccanismo. Non è soltanto un fatto di comportamento. È un'esperienza interiore. Una percezione viva di interconnessione.

Ecco perché l'idea della coscienza come campo torna ciclicamente nella storia del pensiero. Non come dogma, ma come ipotesi di lavoro. Perché descrive qualcosa che molti sperimentano intuitivamente. Qualcosa che le neuroscienze stanno iniziando a osservare, anche se ancora con prudenza. Le oscillazioni cerebrali collettive, ad esempio, studiate recentemente in gruppi di persone impegnate nella stessa attività, mostrano sincronizzazioni inattese. Il cervello sembra, in alcuni casi, accordarsi con gli altri, come strumenti di un'orchestra. È un fenomeno ancora in gran parte misterioso. Ma suggerisce che la mente non sia un'isola.

Naturalmente, parlare della coscienza come campo non significa negare il ruolo del cervello. Significa piuttosto ampliare lo sguardo. Il cervello rimane un attore centrale. È l'organo che ci permette di percepire, ricordare, riconoscere. Ma potrebbe essere meno simile a un generatore e più simile a un ricevitore. Questa idea è stata espressa, in forme diverse, da pensatori come William James, Henri Bergson, Aldous Huxley. Non erano scienziati ingenui. Erano osservatori acuti della mente umana.

James sosteneva che il cervello potesse funzionare come un "trasduttore", un dispositivo che riduce un flusso più vasto di coscienza affinché diventi gestibile. Bergson parlava di "valvola di diminuzione".

La "valvola di diminuzione" (valve de réduction) è una delle sue metafore più famose, e si trova soprattutto in "*L'Énergie spirituelle*". È una soluzione elegante per spiegare come la nostra mente filtri la realtà.

In parole semplici, significa che la realtà è immensamente più ricca di quanto percepiamo. Secondo Bergson, il flusso del reale è continuo, sovrabbondante, pieno di possibilità e sfumature. Se percepissimo tutto, saremmo sopraffatti; un organismo che registra ogni dettaglio non avrebbe modo di agire: resterebbe paralizzato da un eccesso di informazioni.

E allora, secondo Bergson, interviene la "valvola di diminuzione". La percezione non è un sistema che raccoglie informazioni: è un sistema che elimina, filtra, riduce: ci lascia vedere solo ciò che è utile per l'azione, ciò che serve a muoverci, sopravvivere, decidere. La coscienza seleziona il minimo indispensabile; non ci dà l'intero mondo: ce ne dà una versione alleggerita, pragmaticamente adatta alle nostre possibilità.

In sintesi, la "valvola di diminuzione" è il meccanismo per cui la mente riduce la complessità dell'universo a qualcosa di gestibile, sacrificando la pienezza del reale per renderlo praticabile.

Aldous Huxley, influenzato da James e Bergson, affermava che percepiamo solo una piccola parte di ciò che la mente potrebbe ospitare. In tutti questi autori c'è un'intuizione comune: la coscienza non è confinata nella scatola cranica.

COSA SIGNIFICA DUNQUE "CAMPO DI COSCIENZA"?

Significa ipotizzare che la coscienza sia un fenomeno diffuso, non puntiforme. Che sia qualcosa che si estende, si modula, si amplifica. Qualcosa che il cervello intercetta, organizza e traduce. Non diversamente da come un'antenna intercetta un segnale invisibile.

Questa ipotesi non vuole sostituirsi alla scienza. Non intende negare i progressi delle neuroscienze. Al contrario, vuole integrarli. Offrire un punto di vista che consenta di vedere le neuroscienze all'interno di un panorama più ampio. Un panorama che include la fisica moderna, l'antropologia, la psicologia del profondo.

L'idea centrale di questo libro è proprio questa: la coscienza come campo. Un campo psichico che si estende oltre il singolo individuo. Un campo che potrebbe spiegare fenomeni collettivi, intuizioni improvvise, risonanze emotive condivise. Un campo che potrebbe gettare nuova luce sulla natura dell'esperienza umana.

È un'idea che chiede rigore, ma anche immaginazione. Chiede di superare gli schemi rigidi, senza perdere il senso critico. Chiede, in fondo, di fare ciò che la scienza ha sempre fatto nei suoi momenti migliori: guardare oltre l'ovvio.

Perché oggi?

Ogni epoca si interroga sulla coscienza a modo suo. L'antichità parlava di anima. Il Medioevo la vedeva come scintilla divina. L'età moderna la ridusse a meccanismo. Ma oggi siamo esposti a una quantità tale di informazioni, scoperte e intuizioni da renderci più sensibili a un'ipotesi nuova: la coscienza come campo.

Perché proprio ora? Per almeno quattro motivi, tutti cruciali e tutti legati a trasformazioni parallele nella scienza, nella tecnologia e nel modo in cui comprendiamo l'essere umano.

Primo motivo: la rivoluzione delle neuroscienze.

Le neuroscienze stanno vivendo una rivoluzione simile a quella che la biologia visse con il DNA negli anni '50. Le tecniche di risonanza avanzata, l'elettroencefalografia ad alta densità e soprattutto gli studi sulle reti neuronali mostrano un cervello molto diverso da quello che immaginavamo. Non è una macchina chiusa. È un sistema che dialoga costantemente con il corpo e con l'ambiente; un sistema aperto e interdipendente.

Negli ultimi vent'anni, studi come quelli del gruppo di Olaf Sporns all'Università dell'Indiana hanno introdotto il concetto di "*connettoma*". Il cervello non è solo materia. È un pattern dinamico. Una rete di reti. Un intreccio che cambia forma come un banco di pesci nel mare. Questa immagine, sorprendentemente, ricorda quella dei campi fisici: strutture che non stanno mai ferme, che si modulano con l'ambiente.

Anche la scoperta dei neuroni specchio, avvenuta a Parma negli anni '90 nel laboratorio di Giacomo Rizzolatti, ha cambiato molto. Ha mostrato che il nostro cervello non reagisce solo a ciò che facciamo. Reagisce a ciò che fanno gli altri. Come se, almeno in parte, "vibrasse" con loro. Una risonanza interna che ha fatto dire al neuroscienziato Vilayanur Ramachandran che questi neuroni "*potrebbero essere rapportati ai sentimenti come il DNA è rapportato alla biologi*a". Una formula audace, ma efficace per indicare una cosa semplice: siamo meno separati di quanto crediamo.

Secondo motivo. L'intelligenza artificiale.

Mai prima d'ora ci siamo trovati a creare oggetti che imitano, almeno in parte, processi cognitivi. E più tentiamo di costruire la coscienza, più capiamo che non è una somma di algoritmi. Non è una catena di input e output. È qualcosa di più. Di diverso. Di qualitativo.

Gli ingegneri lo sanno bene. I modelli più avanzati di IA, nonostante la loro potenza, non mostrano una vera esperienza del mondo. Non hanno un "sentire". Non hanno interiorità. Sono sistemi complessi, sì, ma privi di una dimensione che gli esseri umani considerano essenziale. E questo paradosso – macchine intelligenti ma non coscienti – ci costringe a guardare di nuovo alla coscienza umana. Ci costringe a riconoscere che forse non è solo un calcolo. Forse è un fenomeno con proprietà emergenti. Forse è, appunto, un campo.

Terzo motivo. La fisica contemporanea.

In particolare, la fisica quantistica, che da un secolo ci chiede di ripensare il rapporto tra osservatore e realtà. L'idea che la misurazione possa influenzare il risultato, formulata da Werner Heisenberg e sviluppata da John von Neumann, ha scatenato un dibattito ancora aperto. Einstein non era d'accordo. Diceva: "*La Luna esiste anche se non la guardo*". Ma esperimenti sempre più raffinati suggeriscono che l'osservatore ha un ruolo attivo. Non magico, non mistico, ma reale e misurabile.

Negli anni '60, il fisico John Bell propose un test per verificare l'esistenza di correlazioni non locali tra particelle. Molti pensavano che sarebbe stato impossibile verificarlo. Ma nel 1982, nel laboratorio francese di Orsay, Alain Aspect dimostrò che quelle correlazioni esistono. E che la realtà, nella sua struttura più intima, è connessa. Non in modo intuitivo. Non come una rete di fili. Ma come un campo che trascende lo spazio classico. Questa immagine si avvicina, per analogia, all'idea che la coscienza possa essere un fenomeno esteso. Una proprietà che non vive dentro una singola cellula, ma che si manifesta nella relazione tra sistemi.

Il fisico David Bohm parlava di "ordine implicito". Un ordine nascosto, che contiene tutto in potenza. Anche qui, nessun riferimento alla psicologia. Ma un richiamo implicito alla nozione di campo. E più la fisica procede in profondità, più lo schema del mondo appare interconnesso.

Quarto motivo. L'antropologia culturale.

La globalizzazione ci ha costretto, per la prima volta nella storia, a confrontarci quotidianamente con culture lontane. Con tradizioni che attribuiscono alla coscienza una natura espansiva. Le popolazioni animiste dell'Africa occidentale, ad esempio, parlano di una "forza vitale" che circola tra gli individui. Gli aborigeni australiani raccontano il "Tempo del Sogno", un piano di realtà condiviso. In Tibet, la filosofia buddhista parla della "mente chiara", una dimensione che precede l'individuo.

Questi sistemi non sono scienza. Non sono teoria. Sono pratiche vissute. Modi concreti di percepire il mondo. E oggi, grazie alla loro vicinanza culturale, siamo più predisposti a mettere in dialogo queste visioni con le intuizioni della scienza moderna.

Inoltre, la crisi ecologica del nostro tempo ci ha resi più sensibili all'interdipendenza. Abbiamo capito che nessun organismo vive isolato. Né un albero. Né un fiume. Né un essere umano. Questa consapevolezza ecologica influenza anche il modo in cui concepiamo la mente. La spinge verso un modello più relazionale, più sistemico, più "di campo".

Tutti questi fattori – neuroscienze, IA, fisica, antropologia – convergono in un punto. Ci dicono che la separazione non è più una buona lente per interpretare la realtà. Né la separazione tra atomi. Né quella tra esseri viventi. Né quella tra individui.

E se la coscienza non fosse un'isola?

E se ciò che chiamiamo "io" fosse un nodo, una concentrazione locale, dentro una trama più vasta? È in questa congiuntura storica che l'ipotesi del campo di coscienza diventa plausibile. Forse necessaria. Non come dogma, ma come strumento. Un nuovo modo di vedere l'essere umano. Un modo che accoglie la complessità senza rinunciare alla sobrietà intellettuale.

In breve: oggi più che in qualunque altra epoca, abbiamo i mezzi, i dati e il contesto culturale per prendere seriamente questa ipotesi. Non per trasformarla in certezza, ma per indagarla con curiosità e senso critico.

Confini e ambizioni del libro

La saggistica, come questo libro, nasce da una tensione. Da un movimento doppio: da un lato il bisogno di comprendere, dall'altro il desiderio di esplorare. Questo libro non fa eccezione. Vuole affrontare una domanda antica – che cos'è la coscienza? – ma lo fa da una prospettiva contemporanea, attraversando discipline diverse e interrogando i loro limiti. Perché parlare di un "campo di coscienza" significa camminare su un crinale delicato: tra ciò che possiamo dimostrare e ciò che possiamo solo intuire.

COSA SI PUÒ DIRE SCIENTIFICAMENTE E COSA RESTA ESPLORATIVO.

È importante chiarirlo fin dall'inizio. Questo libro non pretende di offrire una teoria definitiva della coscienza. Non avrebbe senso. La scienza non è un insieme di verità scolpite nella pietra; è un processo in continua revisione. Ogni concetto, anche quello più elegante, è solo un'ipotesi provvisoria, un tentativo.

Eppure, alcune ipotesi hanno il potere di cambiare il modo in cui guardiamo il mondo, anche senza essere dimostrate completamente. Nel 1915, ad esempio, quando Einstein pubblicò la teoria della relatività generale, nessuno poteva verificarla pienamente. Eppure, quella teoria ridisegnò la nostra immagine dello spazio e del tempo. In un certo senso, questo libro ambisce a qualcosa di simile, ma su scala concettuale e divulgativa: offrire un nuovo modo di pensare la coscienza, senza imporlo come verità.

Per questo è necessario stabilire anche dei confini. Il campo di coscienza, così come lo presenteremo, non è una teoria scientifica completa. Non è nemmeno una dottrina spirituale. È un modello interpretativo. Una lente. Un ponte. E come ogni ponte, serve solo se permette di attraversare un territorio altrimenti difficile da percorrere.

Cosa può fare, dunque, questa lente?

È una lente che può integrare. Può collegare. Può suggerire che la coscienza non sia un fenomeno isolato ma relazionale. Può aiutarci a vedere continuità dove prima vedevamo separazione. Può offrire una cornice per quei fenomeni che la scienza tradizionale osserva, ma non sempre riesce a interpretare appieno: sincronie emotive, intuizioni collettive, emergenze cognitive improvvise.

Ma ci sono anche cose che questa lente non può fare: non può sostituire le neuroscienze.. Non può spiegare ogni esperienza soggettiva. Non può essere usata per giustificare affermazioni pseudoscientifiche. Esistono, nella cultura contemporanea, molte proposte speculative che abusano di parole come "energia", "vibrazione", "campo". Questo libro prende una strada diversa. Mantiene sempre un ancoraggio alla verifica empirica, alla filosofia rigorosa e alla responsabilità intellettuale. Quando si entra in territori incerti, lo si dichiara. Quando si ipotizza, lo si fa con prudenza.

Le ambizioni, però, restano ampie. Il progetto del libro è quello di costruire una mappa. Una mappa interdisciplinare che includa neuroscienze, fisica quantistica, antropologia, psicologia del profondo, filosofia della mente. Non per confondere i livelli, ma per mostrare come questi sguardi diversi possano convergere verso un'idea comune: che la coscienza non sia soltanto un epifenomeno del cervello, ma una proprietà emergente della realtà.

Questa non è un'affermazione dogmatica. È una domanda aperta. Una possibilità. Un sentiero che merita di essere percorso per un motivo semplice: descrive qualcosa che molte persone, in modi diversi, sperimentano nella loro vita. La sensazione di essere parte di un tutto. Di essere connessi oltre il visibile. Di essere coinvolti in un ordine più grande. La scienza, quando è coraggiosa, sa ascoltare anche queste intuizioni. Non per trasformarle in verità, ma per cercare, tra le righe dell'esperienza umana, nuovi indizi.

Dunque, il libro non promette risposte definitive. Promette strumenti. Offre un vocabolario nuovo per parlare della coscienza e delle sue manifestazioni. Offre un percorso che accompagna il lettore dall'osservazione scientifica alla riflessione filosofica, senza mai perdere di vista un principio fondamentale: la coscienza non è un oggetto. È un'esperienza. E ogni esperienza è un incontro.

L'ambizione finale è questa: contribuire a una cultura della complessità. Rendere accessibile un tema affascinante senza banalizzarlo. Inserire la coscienza – questo fenomeno misterioso, fragile e potente – dentro una cornice che tenga insieme individuo e collettivo, materia e relazione, percezione e significato.

In questo senso, il campo di coscienza è meno una risposta e più una domanda. Una domanda che attraversa tutto il libro. Una domanda che può essere affrontata solo passo dopo passo, senza forzare le conclusioni. Ed è proprio questo cammino che inizieremo nei prossimi capitoli.

Il metodo: un approccio critico e interdisciplinare?

Ogni indagine sulla coscienza parte da una difficoltà evidente: non esiste un linguaggio unico per descriverla. La biologia usa il lessico delle cellule, la fisica quello delle forze, la psicologia quello delle esperienze. L'antropologia parla di miti, simboli, rituali. La filosofia, invece, interroga i presupposti. Ogni disciplina vede un frammento del fenomeno, ma nessuna lo esaurisce.

Se vogliamo capire la coscienza – e soprattutto se vogliamo esplorare l'ipotesi di un "campo di coscienza" – non possiamo affidarci a una sola lente. Serve un metodo diverso. Serve un'ottica che non si limiti a mettere in fila i dati, ma che sappia mettere in dialogo linguaggi differenti.

Per questo il percorso di questo libro è interdisciplinare. Non per moda o per confusione, ma per necessità. La coscienza è un fenomeno troppo complesso per essere racchiuso in un'unica cornice teorica.

L'interdisciplinarità, però, non basta. Se usata male, rischia di diventare un collage di idee eterogenee. Per evitarlo, serve un altro ingrediente: la critica. L'atteggiamento che ci impedisce di accettare un concetto solo perché è affascinante. La critica è il filo che tiene insieme tutto il discorso. È la bussola che evita la deriva. È ciò che distingue un'indagine rigorosa da una speculazione arbitraria. Il metodo di questo libro si basa quindi su tre pilastri.

Primo pilastro. Curiosità sistematica.

Significa che tutte le discipline possono offrire indizi utili, purché vengano considerate con attenzione. Le neuroscienze mostrano come il cervello si sincronizzi con l'ambiente. La fisica quantistica suggerisce un universo più interconnesso di quanto credessimo. L'antropologia documenta culture che percepiscono la coscienza come un fenomeno diffuso. La psicologia del profondo descrive dinamiche interiori collettive. Non si tratta di mescolare tutto. Si tratta di vedere come questi punti possano delineare un contorno comune.

Secondo pilastro. Rigorosa distinzione dei livelli.

Ogni volta che si usa un concetto preso da un'altra disciplina, lo si fa con chiarezza. Senza metafore troppo libere. Senza travisare le teorie scientifiche. Quando si parla di "campo", ad esempio, non si intende dire che la coscienza obbedisca alle equazioni di Maxwell. Si usa piuttosto la parola "campo" per evocare la possibilità che la coscienza abbia una dimensione estesa, diffusa, relazionale. Una metafora, sì, ma controllata, ancorata, trasparente.

Terzo pilastro. Attenzione costante ai dati.

Ogni disciplina contribuisce nella misura in cui offre fenomeni osservabili. Non si parte da conclusioni precostituite. Non si costruisce un sistema chiuso. Si parte dalle domande. Dal bisogno di comprendere ciò che ancora non torna: sincronizzazioni inattese tra cervelli, esperienze collettive di risonanza emotiva, sensazioni di connessione che la teoria classica della mente fatica a spiegare.

Questo metodo non ha la pretesa di essere definitivo. È una proposta. Un modo di guardare. Ma un modo che permette di esplorare territori complessi senza perdere l'equilibrio. Un po' come fa un buon giornalista scientifico: racconta con chiarezza, ma non semplifica. Affronta l'incertezza senza trasformarla in confusione. È in questo senso che il libro si muove tra scienza e filosofia. Non perché cerchi un compromesso, ma perché la coscienza vive esattamente a metà tra questi due mondi. È un fenomeno misurabile e allo stesso tempo vissuto. È dato empirico ed esperienza soggettiva. Nessun metodo puramente scientifico o puramente filosofico può coglierla da solo.

L'approccio interdisciplinare, dunque, non è un lusso. È una condizione di necessità. Ed è anche un invito: a uscire dagli schemi, a connettere idee, a guardare la realtà in modo più ampio. Ogni disciplina ci offre un punto di appoggio. Ma il fenomeno della coscienza chiede sempre un passo in più. Chiede di unire i punti.

Il metodo di questo libro segue proprio questa dinamica. Critico, ma aperto. Radicato nella scienza, ma non prigioniero di un'unica teoria. Attento ai dati, ma capace di interrogare anche le intuizioni profonde dell'esperienza umana. Solo così possiamo avvicinarci all'idea centrale che guiderà i capitoli successivi: la coscienza come campo.

Verso una nuova visione dell'essere umano

L'immagine dell'essere umano è cambiata molte volte nella storia. Prima eravamo creature immerse nel cosmo, parte di un ordine più grande. Poi siamo diventati individui isolati, definiti dai confini della nostra pelle e dal nostro cervello. Negli ultimi decenni, però, questa visione sta mostrando le sue crepe. Le neuroscienze, la psicologia sociale, l'etologia, persino la fisica, suggeriscono qualcosa di diverso: l'individuo non è un'isola. È un nodo.

L'INDIVIDUO COME PUNTO DI ACCESSO A UN CAMPO MENTALE PIÙ VASTO.

L'individuo è un nodo in una rete di relazioni biologiche, emotive, cognitive. Un sistema aperto. Permeabile. In continuo scambio. Quando parliamo di "campo di coscienza", il punto di partenza è proprio questo: l'idea che la mente non sia interamente contenuta nella testa. Non in senso mistico, ma nel senso più semplice e rivoluzionario possibile: la coscienza non si sviluppa in isolamento. Si forma mentre interagiamo. Si modella nel contatto con gli altri. Prende forma attraverso segnali sottili, sincronizzazioni, risonanze.

In altre parole, l'individuo è un punto di accesso. Una porta. Una finestra attraverso la quale il campo più ampio della mente prende forma in modo unico. Ogni persona è una configurazione individuale di un processo che la trascende.

Non significa rinunciare all'idea di individualità. Significa ridefinirla. L'io non è un'entità solitaria, ma un luogo di convergenza. Un'interfaccia tra ciò che è personale e ciò che è condiviso. Questo non diminuisce la nostra libertà. La amplia. Ci permette di vedere che molte intuizioni profonde – sentirsi parte di qualcosa, percepire connessione senza parole, condividere stati emotivi collettivi – non sono anomalie da spiegare ma segnali di una realtà più estesa.

Questa visione non è una teoria esoterica. È il punto di incontro di decine di ricerche: sincronizzazione delle onde cerebrali tra individui in interazione; circolazione sociale delle emozioni; capacità del gruppo di generare stati mentali emergenti; percezioni intuitive che nascono nella dinamica del collettivo.

L'idea centrale è semplice: la coscienza può essere vista come un fenomeno distribuito. Noi siamo singoli, ma non separati. Locali, ma non isolati. Uniti da fili invisibili che non cancellano le differenze, ma le fanno dialogare.

In questo senso, parlare di campo di coscienza significa recuperare un'intuizione antica dentro un quadro scientifico contemporaneo. Significa riconoscere che per capire l'essere umano non basta analizzare l'individuo. Serve guardare anche ciò che accade tra gli individui: nel flusso, nello scambio, nella risonanza.

È da qui che nasce la nuova visione dell'essere umano: un essere che non possiede solo "la sua" coscienza, ma che partecipa a un processo più ampio che chiamiamo "coscienza universale".

II°. Il concetto di campo.

Ogni volta che alziamo lo sguardo verso il cielo, qualcosa di invisibile ci accompagna. È la gravità che tiene i piedi saldi a terra. È il magnetismo che orienta le bussole e ha guidato generazioni di navigatori. È l'elettricità che attraversa i muri delle nostre case. Tutte forze che non vediamo, ma che modellano ogni istante della nostra vita. Per secoli sono state un mistero. La scienza moderna ha dato loro un nome semplice e rivoluzionario: campi.

L'idea di campo è una delle invenzioni più profonde della fisica. Ha cambiato il nostro modo di pensare lo spazio, il movimento, l'interazione. Ha trasformato la realtà da un insieme di oggetti isolati a un tessuto continuo, vibrante, dinamico. È una delle chiavi che hanno aperto la porta alla fisica contemporanea, dalla relatività alla meccanica quantistica.

Questo capitolo esplora l'origine e l'evoluzione di quel concetto. Non per fare un corso di fisica. Ma per capire come è nato un modo di descrivere il mondo in termini di relazioni e non solo di oggetti. Un modo che, senza forzature, ci offre una base metaforica e concettuale per pensare anche la coscienza come qualcosa che non vive solo dentro un individuo, ma nel continuo scambio tra punti diversi dello spazio e della vita.

È un viaggio che passa per Newton e le sue azioni a distanza, per l'intuizione quasi mistica di Faraday, per le equazioni di Maxwell che hanno cambiato la storia della scienza. E che arriva a Einstein, per il quale lo spazio non è una cornice neutrale, ma un organismo vivo.

Un viaggio per capire come, nell'arco di pochi secoli, l'invisibile è diventato la struttura stessa della realtà.

Che cos'è un campo in fisica.

Un campo, nella fisica moderna, è una proprietà distribuita nello spazio che assegna a ogni punto una grandezza. È un "tessuto invisibile" che permea ciò che ci circonda. Se camminiamo in una stanza con un termometro in mano, misuriamo un campo di temperatura. Se ci avviciniamo a una stufa, la misura cambia: il campo è diverso in punti diversi dello spazio.

Questo esempio, apparentemente banale, permette però di intuire la rivoluzione concettuale introdotta dal concetto di campo: invece di pensare alle forze come "spinte" o "tirate" che si esercitano da un oggetto all'altro, la fisica moderna immagina una sorta di paesaggio energetico. Gli oggetti non si attraggono o respingono "direttamente". Rispondono alla configurazione del campo in cui sono immersi.

Michael Faraday, che non aveva formazione matematica, immaginava i campi come linee tese nello spazio, quasi fossero fili invisibili. Disegnava queste linee nei suoi quaderni come farebbe un artista. Oggi parliamo di equazioni e funzioni, ma l'intuizione rimane la stessa: lo spazio non è neutro. Ha struttura. E questa struttura determina ciò che accade.

NOZIONE DI CAMPO GRAVITAZIONALE, ELETTRICO, MAGNETICO

I campi più familiari sono tre: gravitazionale, elettrico e magnetico. Ciascuno ha una storia e un comportamento peculiari.

Il campo gravitazionale è quello che percepiamo ogni giorno. Ci tiene ancorati al suolo e guida i pianeti lungo le loro orbite.

Newton lo descrisse come un'azione a distanza, ma già nel Settecento molti fisici trovavano inquietante questa "attrazione misteriosa". Solo con Einstein, due secoli dopo, la gravità verrà reinterpretata come una curvatura del tessuto dello spazio-tempo, cioè come un campo in senso pieno.

Il campo elettrico nasce dalla presenza di cariche. Benjamin Franklin lo descrisse come una sorta di fluido. Più tardi, Coulomb ne caratterizzò la legge quantitativa. Un corpo carico modifica lo spazio intorno a sé, e questa modifica determina la forza su un'altra carica.

Il campo magnetico, invece, è legato al movimento delle cariche. La sua esistenza stupì i primi scienziati dell'era moderna. Nel Medioevo, a Venezia o nei porti della Cina imperiale, i marinai si affidavano ai magneti naturali senza capirne nulla. Solo nel XIX secolo si scoprì che elettricità e magnetismo sono manifestazioni diverse dello stesso fenomeno. Oggi li consideriamo inseparabili.

Questi tre campi, presi insieme, raccontano una storia: ogni forza che percepiamo è un messaggio trasmesso dallo spazio stesso.

Dalle azioni a distanza ai campi.

Per secoli l'idea dominante era semplice e, allo stesso tempo, filosoficamente inquietante: le forze agiscono a distanza. Già i filosofi presocratici si erano chiesti come potesse il Sole "tirare" la Terra senza toccarla. Aristotele trovava il concetto problematico. Ma non c'era un'alternativa. E quando, nel XVII secolo, Isaac Newton formulò la legge di gravitazione universale, il problema esplose in tutta la sua portata.

Newton, nel 1687, pubblica i "*Principia Mathematica*". Dimostra che la stessa forza che fa cadere una mela descrive l'orbita della Luna. È un momento fondativo della scienza moderna. Eppure, il suo creatore era profondamente insoddisfatto. Nelle sue lettere a Richard Bentley, scritte tra il 1692 e il 1693, Newton confessa che l'idea di una forza che agisce attraverso il vuoto, senza contatto e senza mezzo, gli appare "*un'assurdità che nessun uomo dotato di facoltà razionali può accettare*". Non poteva però offrire un meccanismo diverso. Le sue leggi funzionavano, ma lasciavano il mistero intatto.

Bisogna attendere l'Ottocento per assistere alla svolta. La scena si sposta dalla Cambridge aristocratica di Newton a una Londra industriale in fermento. Qui cresce Michael Faraday, figlio di un fabbro e privo di istruzione formale avanzata. Lavora da giovane in una legatoria e, tra un volume da rilegare e l'altro, divora libri di scienza. Faraday ha un talento straordinario per gli esperimenti. È un uomo che vede ciò che altri solo calcolano.

Nel 1831, dopo anni di lavoro sulle correnti elettriche, Faraday scopre l'induzione elettromagnetica. Intuisce che intorno a un magnete esiste qualcosa di reale. Non un “influsso misterioso”, ma un insieme di linee di forza che riempiono lo spazio. Faraday le disegna con cura, le visualizza con limatura di ferro, le tratta come entità fisiche a pieno titolo. E introduce un’idea rivoluzionaria: l’interazione non è istantanea e non avviene a distanza. Piuttosto è il campo, una struttura estesa nello spazio, ciò che trasmette l’effetto.

La comunità scientifica dell’epoca non sa come reagire. Molti considerano le “linee di forza” un espediente grafico. Un linguaggio utile per descrivere, ma non per spiegare. Mancava la matematica. Ed è qui che entra in scena James Clerk Maxwell, scozzese, classe 1831, un genio precoce cresciuto tra l’austerità della campagna di Edimburgo e l’entusiasmo scientifico della Royal Society. Maxwell prende le intuizioni qualitative di Faraday e le trasforma in un sistema coerente di equazioni differenziali. Nel 1865 pubblica il saggio “*A Dynamical Theory of the Electromagnetic Field*”. Un’opera che Einstein, decenni dopo, descriverà come “*la più profonda e feconda del XIX secolo*”.

Le equazioni di Maxwell non solo formalizzano il concetto di campo. Mostrano che elettricità, magnetismo e luce sono manifestazioni di un’unica realtà fisica. Lo spazio, fino ad allora considerato un semplice contenitore, diventa un attore della scena. È “pervaso” da entità dinamiche, vibranti, capaci di trasportare energia e informazione. È la nascita della fisica moderna. Con Maxwell, l’idea newtoniana di azione a distanza diventa un residuo storico. Al suo posto emerge la visione di un universo attraversato da campi continui, invisibili ma reali, che costituiscono l’infrastruttura profonda dei fenomeni.

Il salto concettuale non è solo scientifico, o culturale. Cambia il modo di pensare la realtà. Non più un meccanismo di oggetti che si spingono e tirano, ma un tessuto di relazioni che si propagano nello spazio. Faraday e Maxwell hanno inaugurato una nuova era. Hanno mostrato che, dietro l’apparente vuoto, esiste una trama nascosta. Una trama che connette ogni cosa e che, un secolo più tardi, diventerà il punto di partenza per la relatività, la fisica quantistica e, come vedremo, per ogni tentativo di comprendere anche i campi psichici e la coscienza stessa. È in questo momento che nasce la fisica moderna.

Il campo come "medium" invisibile

L'idea di campo ha trasformato il nostro modo di immaginare lo spazio. Prima dell'Ottocento, lo spazio era visto come un contenitore vuoto, simile a una stanza silenziosa in attesa di qualcosa da ospitare. Nella cosmologia classica lo spazio non aveva un ruolo attivo: era il teatro, non l'attore. Poi arrivarono Michael Faraday e James Clerk Maxwell. Con loro, il vuoto smise di essere un silenzio e diventò un medium ricco, dinamico, vibrante.

Questa rivoluzione concettuale portò a una conseguenza semplice e sorprendente. Lo spazio non è un nulla. Lo spazio è un ponte. È un mezzo che permette a qualcosa che accade qui di influenzare qualcosa che accade altrove.

La comunicazione senza fili

È su questo principio che nasce la comunicazione senza fili. Nel 1837 Samuel Morse inviò il primo messaggio telegrafico attraverso un cavo, ma fu nel 1895 che Guglielmo Marconi mostrò al mondo come si potesse comunicare attraverso l'aria. Prima da Pontecchio, poi da Poldhu in Cornovaglia, Marconi fece attraversare all'invisibile la Manica, poi l'Atlantico. Il 12 dicembre 1901 ricevette a St. John's, nelle Newfoundland, il famoso segnale in codice "S", tre punti. Era la conferma che lo spazio, da solo, poteva trasportare informazioni a migliaia di chilometri.

Il campo diventava così un alleato dell'umano. Collegava case lontane, navi in mare, continenti interi. La conversazione tra luoghi distanti non era più un miracolo letterario come nelle fiabe del Settecento o nei racconti di Cyrano de Bergerac. Era fisica applicata.

La cultura del Novecento metabolizzò rapidamente questa idea. Nel 1927, quando l'artista László Moholy-Nagy scrisse che "*l'aria è diventata un portatore universale*", non parlava solo di arte futurista. Descriveva un nuovo immaginario tecnico e psicologico: viviamo immersi in un mare di onde. Intorno a noi scorre un flusso continuo di segnali. Il mondo è diventato una rete fisica prima che culturale.

Ogni volta che accendiamo un telefono, un computer, un router Wi-Fi, ripetiamo senza accorgercene un gesto nato dalle intuizioni di Faraday e dalle formule di Maxwell. Viviamo dentro un campo. Ne siamo attraversati ogni secondo.

Tutto questo è un potente precedente concettuale per immaginare un "campo di coscienza". Se la fisica ha trasformato il vuoto in un medium attivo, la psicologia e la filosofia possono ora chiedersi se la coscienza funzioni in modo analogo. Se esista un "campo psichico" che collega menti apparentemente separate. Se l'esperienza interiore sia solo un fenomeno isolato, o se partecipi a una trama più ampia, invisibile ma reale.

Le idee di Faraday e Maxwell mostrano che la realtà può avere livelli di connessione non immediatamente visibili. Mostrano anche che ciò che chiamiamo "vuoto" può ospitare processi complessi, ordinati e intelligenti. Non serve forzare l'analogia per cogliere il nucleo simbolico di questa storia: ciò che non vediamo può essere immensamente attivo. E ciò che crediamo separato può essere parte di un'unica continuità.

Il linguaggio moderno ci offre quindi un'immagine convincente. La coscienza potrebbe non essere un'isola. Potrebbe essere un'onda. E il mondo, il suo mare.

L'estensione dell'idea di "campo" alle teorie del XX secolo

Per secoli si era immaginato un universo fatto di oggetti isolati che si muovevano in un contenitore vuoto. Uno spazio passivo. Un palco immobile su cui la materia recitava il proprio copione. L'idea del campo cambia tutto. Introduce un "medium" invisibile che riempie lo spazio e lo rende attivo. Un medium che trasmette informazioni, modula le interazioni e garantisce continuità tra luoghi lontani.

Michael Faraday aveva descritto questo medium come un "mare di linee di forza". Non era un'immagine poetica, ma una rappresentazione fisica. Faraday camminava spesso nei giardini della Royal Institution di Londra, immaginando lo spazio non come vuoto, ma come un tessuto elastico in cui ogni particella lascia un segno. Le sue linee di forza non erano simboli grafici. Erano entità reali che, a suo giudizio, esistevano anche se nessuno le vedeva. Con questa intuizione, lo spazio perde il suo carattere di contenitore inerte. Diventa una struttura viva. Un luogo in cui ogni punto può influenzare il successivo attraverso una continuità invisibile. È un cambiamento concettuale tanto profondo quanto la scoperta della prospettiva nel Rinascimento. Improvvisamente il mondo non è più fatto di elementi separati, ma di relazioni.

La luce offre un esempio storico di questo cambiamento. Per tutto il Settecento si discuteva se fosse un'onda o un corpuscolo. L'Accademia delle Scienze di Parigi aveva addirittura premiato lavori che tentavano di dimostrare l'esistenza di un "*etere luminifero*", una sostanza sottile che avrebbe riempito il cosmo. Ma l'etere non si lasciava catturare. Le misurazioni di Michelson e Morley, nel 1887, lo misero definitivamente in crisi. Era evidente che la luce non aveva bisogno di un mezzo materiale per propagarsi. Il mezzo era il campo stesso. Una conclusione che all'epoca molti giudicarono paradossale: un'onda che viaggia nel "nulla" e, tuttavia, trasporta energia. Un fenomeno che sfidava il senso comune.

Questo nuovo modo di intendere lo spazio ha avuto conseguenze enormi, anche al di fuori della scienza. Ha trasformato la cultura tecnologica dell'Ottocento. Nel 1837 Samuel Morse invia da Washington a Baltimora il famoso messaggio "*What hath God wrought*?". Il telegrafo inaugura la prima comunicazione istantanea della storia moderna. Pochi decenni dopo, Guglielmo Marconi, figlio dell'aristocrazia bolognese, costruisce nella villa di famiglia le prime antenne, convinto che le onde possano attraversare l'Atlantico. Nel 1901, da una scogliera di Terranova, riceve il celebre segnale "S". Una semplice sequenza di tre punti Morse che rivela una verità sorprendente: lo spazio è un ponte: non separa, collega.

Ogni dispositivo moderno, dalla radio al Wi-Fi, è figlio di questa intuizione. Non comunichiamo "attraverso il vuoto". Comunichiamo grazie a un campo elettromagnetico che vibra ovunque. Un campo che può essere modulato, codificato, interpretato. Senza questa continuità invisibile, la civiltà digitale sarebbe impossibile.

Il concetto di campo introduce così una visione completamente nuova: ciò che accade in un punto non è isolato. Si propaga. Si trasmette. Influenza lo spazio circostante. Il campo diventa una trama sottile che rende il mondo coeso. Un medium che custodisce l'unità profonda dei fenomeni. Un ponte permanente tra qui e altrove. Una volta compreso questo, lo spazio non è più un silenzio. È un organismo attivo. Una rete. Un sistema vivo di connessioni. E la fisica, da quel momento in poi, smetterà di occuparsi solo di oggetti. Inizierà a occuparsi di relazioni. Una rivoluzione concettuale che prepara il terreno per ogni discorso moderno sulla continuità tra mente, materia e informazione.

Il significato filosofico dei campi.

Il concetto di campo non è rimasto confinato nei laboratori di fisica. Ha oltrepassato i confini della scienza e si è trasformato in un'idea culturale, filosofica ed estetica. Perché suggerisce una visione del mondo in cui nulla esiste da solo. Ogni cosa appare come parte di una rete di relazioni. Una rete che non è statica, ma viva. Un tessuto dinamico in continua trasformazione.

Albert Einstein parlava della realtà come di un "reticolo strutturato di relazioni". Non era una metafora. Era il modo in cui descriveva lo spazio-tempo. Una struttura elastica che si deforma, si curva, reagisce alla presenza della materia. La materia non fluttua in un vuoto passivo. Interagisce con un campo che la avvolge e che essa stessa modifica. In questa visione, ogni evento è connesso agli altri attraverso una ragnatela invisibile. Il mondo non è una collezione di oggetti, ma un insieme di interdipendenze.

Anche la filosofia ha colto questa trasformazione. Il filosofo francese Maurice Merleau-Ponty, negli anni Cinquanta, parlava del mondo come di una "*trama di intenzionalità*". Vedeva il reale come un campo percettivo in cui ogni gesto, ogni senso, ogni percezione modifica il contesto in cui emerge. L'individuo non è separato dal mondo. È immerso in un flusso continuo di scambi. Quel flusso, per Merleau-Ponty, è il vero fondamento dell'esperienza.

Lo stesso concetto appare nella sociologia del Novecento. Pierre Bourdieu, tra gli anni Sessanta e Ottanta, adotta il termine "campo" per descrivere l'ambiente sociale come un territorio di forze. Ogni individuo vive dentro un campo di poteri, norme, aspettative. Non agisce mai in isolamento. È influenzato da tensioni e attrazioni che spesso non vede ma che definiscono le sue possibilità. La sociologia, così, finisce per rappresentare il mondo sociale come una versione umana dei campi fisici. Invisibile, ma determinante.

L'arte del XX secolo ha espresso un'intuizione simile. Pensiamo ai quadri di Paul Klee al Bauhaus. Klee descriveva l'opera d'arte come "*l'andamento di una forza nello spazio*". Oppure alle composizioni di Kandinskij, che parlava di "*tensioni interne*" come motori della forma. In entrambi i casi, la visione rinuncia all'idea di oggetti definiti e abbraccia quella di campi di energia visiva. Il quadro non rappresenta: vibra.

Il concetto di campo diventa così un paradigma mentale. Un modo per leggere la realtà come un tutto connesso. Come un organismo che risponde, si adatta, si evolve. Ogni fenomeno, dal moto dei pianeti alle dinamiche psicologiche, può essere visto come l'effetto di un campo di forze che lo attraversa.

E questa intuizione non appartiene solo alla scienza moderna. Molte tradizioni filosofiche orientali, dal taoismo al buddhismo, descrivono il mondo come una rete di interrelazioni. Un continuum in cui niente esiste separato. Non è una coincidenza che alcuni fisici del Novecento, come Fritjof Capra, abbiano accostato le loro teorie a queste antiche visioni. L'idea di campo sembra risuonare con un'intuizione universale: la realtà è relazione.

Ciò che conta, oggi, è il significato culturale di tutto questo. Il campo insegna che sotto la superficie degli eventi esistono strutture nascoste. Esistono influenze che agiscono anche quando non le vediamo. Esistono continuità che legano ciò che sembra distante. Non è solo una teoria fisica. È un invito a ripensare la nostra posizione nel mondo.

In questo senso, il concetto di campo diventa una delle metafore più potenti della modernità. Ci ricorda che viviamo immersi in flussi che ci attraversano. Che siamo nodi di una rete più ampia. E che ogni gesto, ogni pensiero, ogni scelta entra in risonanza con ciò che lo circonda.

La realtà come tessuto dinamico non è solo un'idea scientifica. È un modo nuovo di vedere la vita. Un modo che apre la porta, come vedremo, a una riflessione radicale sulla coscienza come parte integrante di questo immenso campo di relazioni.

III°. I precursori dei campi psichici.

Nelle pagine che seguono esploriamo alcuni di questi precursori. Figure molto diverse tra loro, come Jung, Sheldrake, Durkheim o Teilhard de Chardin. Tradizioni filosofiche orientali millenarie. Visioni culturali e religiose che, pur lontane nel tempo e nello spazio, sembrano convergere su un punto: la mente non è confinata nel cranio. Si estende. Comunica. Si intreccia con altre menti e con l'ambiente in modi che superano l'individuo.

Non si tratta di aderire acriticamente a queste idee. Ma di riconoscerne il valore storico e immaginativo. Perché ogni rivoluzione concettuale, prima di essere formulata in equazioni o esperimenti, nasce come intuizione.

L'inconscio collettivo di Carl Gustav Jung.

Carl Gustav Jung elabora l'idea di inconscio collettivo negli anni Venti del Novecento. È un periodo di trasformazioni personali e scientifiche. Ha appena rotto con Freud. Cerca una via autonoma per comprendere l'origine delle immagini simboliche che affiorano nei sogni e nei miti.

Nel 1924-1925 compie un viaggio negli Stati Uniti. Nel New Mexico incontra i Pueblo Taos. Durante una conversazione, un anziano della comunità gli dice che gli europei "*sono inquieti perché pensano con la testa e non con il cuore*". Per Jung quella frase è un colpo improvviso. Lo costringe a chiedersi se la psiche occidentale sia davvero così isolata come la sua cultura gli aveva insegnato. Da quel momento inizia a interrogarsi sul rapporto tra individuo e collettività. E su un livello più profondo della mente, non plasmato dall'esperienza personale, ma condiviso da tutta l'umanità.

Gli archetipi

Nasce così il concetto di inconscio collettivo. Jung lo definisce un "*deposito psichico universale*". Non contiene ricordi privati. Contiene forme, strutture di significato: gli archetipi. Gli archetipi sono figure ricorrenti che emergono nelle tradizioni più lontane tra loro. Il drago che incarna il caos primordiale. L'Ombra che concentra ciò che rifiutiamo di noi stessi. Il Vecchio Saggio che guida l'eroe nel suo viaggio. Jung vede in questi modelli un'eredità antica. Una sorta di grammatica interna alla psiche. Non appresa. Innata.

Per sostenere questa intuizione studia religioni, miti e leggende. Visita musei etnografici, analizza incisioni medievali, si immerge nelle tradizioni alchemiche. Nel 1932, durante una conferenza a Londra, cita persino un sogno di un paziente che descrive una sequenza simbolica identica a un antico testo cinese. Un parallelismo che per Jung dimostra la presenza di schemi universali, indipendenti dalla cultura di provenienza.

Nel 1945, nella sua torre sul lago di Zurigo, la Bollingen Tower, annota: "*Provo la sensazione di abitare in un luogo dove non sono solo*". Non parla di presenze misteriose. Parla di un campo di significati che attraversa i secoli. Una matrice psichica che fa da sfondo alla vita di tutti. Una rete invisibile che collega la creatività di un artista greco del V secolo con l'incubo di un adolescente europeo del Novecento.

Gli archetipi funzionano come pattern condivisi. Offrono una struttura alle emozioni e alle narrazioni che produciamo. Quando una persona sogna una montagna da scalare, un mare agitato o un bambino smarrito, attinge a forme che appartengono a un patrimonio collettivo. La forza dell'immagine non deriva dalla sua originalità. Deriva dalla risonanza con milioni di esperienze precedenti.

Jung stesso ne fa esperienza durante la stesura del suo "*Libro Rosso*". Nei suoi appunti descrive visioni che riconosce poi in antichi testi gnostici. Non li aveva studiati in modo sistematico. Eppure, ne ritrova i simboli. In quelle coincidenze vede la traccia di un campo psichico che supera la memoria individuale.

Il fascino dell'idea è proprio questo. La mente non appare più come un contenitore privato. Diventa un punto di accesso a una trama più ampia. Una specie di ecosistema simbolico che circola tra epoche e culture. Una memoria dell'umanità che non dipende dalla storia, ma dalla struttura stessa della psiche.

L'inconscio collettivo è una teoria. Ma è anche una metafora potente. Suggerisce che ciò che immaginiamo, temiamo o desideriamo non nasce solo da noi. È un'eco di ciò che l'umanità ha immaginato, temuto o desiderato per millenni. Una delle prime forme, in ambito psicologico, di ciò che oggi potremmo chiamare un campo psichico condiviso.

Si può dire che l'inconscio collettivo assomiglia a un campo di coscienza, ma solo se si accetta di parlare per immagini, non per concetti rigidi. Jung non usa mai la parola “campo”, e tuttavia ciò che descrive sembra comportarsi come qualcosa che avvolge, permea e collega. Non è un luogo né una struttura, ma una sorta di atmosfera psichica in cui ogni individuo è immerso prima ancora di avere un io. Un sottofondo comune, una risonanza condivisa.

Se lo chiamiamo “campo”, l’idea funziona perché suggerisce continuità: l’archetipo non è di nessuno, eppure vive in tutti, come una vibrazione che ci precede. Ma è un campo che non sta fuori di noi e non sta nemmeno dentro: coincide con quel punto in cui l’interiore e l’esteriore smettono di essere opposti. Jung lo avrebbe chiamato “psiche oggettiva”, ma l’immagine del campo rende bene il movimento, la diffusione, la persistenza.

Quindi sì, l’inconsci collettivo di Jung si può paragonare a un campo di coscienza, purché si capisca che è un paragone poetico più che teorico, una maniera per avvicinarsi a qualcosa che non si lascia afferrare del tutto, che opera come un vento antico che ci passa attraverso e allo stesso tempo ci costituisce.

Il campo morfogenetico di Sheldrake.

Rupert Sheldrake arriva sulla scena scientifica degli anni Ottanta con un'idea che rompe gli schemi. Nel 1981 pubblica "*A New Science of Life*". Il sottotitolo dell'edizione britannica è provocatorio: "*The Hypothesis of Formative Causation*". Una sfida aperta al paradigma dominante della biologia molecolare. L'editore della rivista "Nature", John Maddox, reagisce con un editoriale diventato celebre. Lo definisce "*un libro che merita di essere bruciato*". Un giudizio estremo, che però rivela quanto l'ipotesi fosse disturbante per la comunità scientifica.

La memoria della natura. I campi morfogenetici.

Sheldrake sostiene che la natura conserva una memoria. Non una memoria biologica, codificata nei geni. Una memoria più vasta, diffusa nel cosmo. Secondo lui, ogni forma vivente dipende da campi invisibili di organizzazione, che chiama campi morfogenetici. Questi campi orientano la crescita degli organismi, la formazione dei tessuti, il comportamento degli animali. Agiscono come schemi. Modelli che la natura ripete.

Per rendere l'idea, Sheldrake cita spesso la forma delle felci. Le piccole fronde riproducono la geometria della pianta adulta. Una struttura che si ripete a ogni scala. Per lui quella coerenza non è solo un effetto dei geni. È il segno di un campo più ampio, un modello immateriale che guida la morfologia.

Da qui nasce la sua proposta più audace: la risonanza morfica. L'ipotesi è semplice nella formulazione e radicale nelle implicazioni. Quando una forma o un comportamento emergono in un luogo, diventano più probabili nel resto del mondo. Come se ogni evento lasciasse una traccia nel campo. Una memoria della natura on locale, diffusa.

In una conferenza al King's College di Londra, nel 1992, Sheldrake porta un esempio concreto. Racconta la storia delle cristallizzazioni chimiche di nuovi composti. All'inizio, dice, gli scienziati faticano a produrre i primi cristalli. Dopo alcune sintesi riuscite, però, la cristallizzazione diventerebbe più facile ovunque. È come se una nuova forma, una volta "registrata", si diffondesse nell'intero campo morfogenetico.

È una visione che somiglia più alla narrazione che alla scienza tradizionale. Ma proprio per questo affascina. Introduce nella discussione scientifica un'idea che era stata espulsa per decenni: l'interconnessione come forza causale. Non solo una descrizione poetica della natura, ma un principio attivo che la governa.

L'INTERCONNESSIONE COME FORZA CAUSALE.

Nel linguaggio dei campi, l'interconnessione non è una semplice metafora. È una vera e propria forza causale. Significa che la relazione tra due punti, due eventi o due sistemi non è un accessorio, ma una parte strutturale del modo in cui la realtà funziona. È la relazione stessa a generare effetti.

Questa idea sembra astratta, ma ha radici solide nella storia della scienza. Quando Faraday diceva che le "linee di forza" non erano un disegno immaginario ma qualcosa di reale, introduceva un principio nuovo: ciò che accade in un punto dello spazio può esercitare un'azione su un altro punto senza contatto diretto. È la configurazione del campo a determinare l'effetto.

Un esempio storico chiarisce bene il salto concettuale. Nel 1845 Faraday mostrò che un magnete nascosto sotto un foglio metallico poteva far muovere limatura di ferro. Non c'era contatto. Non c'era trasmissione meccanica. Eppure, c'era un effetto. Quel gesto, compiuto nel suo laboratorio di Albemarle Street, segnò una cesura: la connessione invisibile diventava causa fisica. Maxwell portò la questione a un livello ancora più profondo. Le sue equazioni descrivono come una variazione locale del campo elettrico generi una variazione nel campo magnetico, e viceversa. È una danza continua. Ogni punto è influenzato dai punti vicini, e allo stesso tempo li influenza. La causalità non viaggia più come una spinta da A fino a B. Si propaga come una modulazione del campo.

La cultura scientifica del Novecento ha spinto ancora oltre questa idea. In biologia, per esempio, Alexander Gurwitsch ipotizzò negli anni Venti che i sistemi viventi comunicassero attraverso *campi morfogenetici*. (È la stessa tesi che Sheldrake, negli anni Ottanta, riprese rielaborandola completamente).

Alexander Gurwitsch fu uno dei primi scienziati a ipotizzare che gli organismi viventi fossero guidati da un "campo morfogenetico". L'idea nacque negli anni Venti, mentre lavorava all'Università di Mosca e poi a Leningrado, studiando la crescita e la rigenerazione dei tessuti.

Gurwitsch osservò un fenomeno curioso: nelle zone in cui le cellule si dividevano rapidamente compariva una debole emissione di luce ultravioletta. La chiamò "radiazione mitogenetica". Per lui non era un semplice sottoprodotto biochimico. Era un segnale. Un mezzo di comunicazione cellulare. Un modo attraverso cui i tessuti si coordinano durante lo sviluppo. Queste osservazioni lo portarono a formulare un'ipotesi radicale per l'epoca. I sistemi viventi, sosteneva, non si organizzano solo grazie a reazioni biochimiche locali. Hanno bisogno di un campo che orienti la forma complessiva dell'organismo. Questo campo, invisibile ma reale, fornirebbe una struttura di riferimento che guida la crescita, garantisce la coerenza e permette ai tessuti di "sapere" dove posizionarsi.

Le sue idee suscitarono entusiasmo e scetticismo allo stesso tempo. Negli anni Trenta l'istituto Kaiser Wilhelm di Berlino tentò di replicare gli esperimenti sulla radiazione mitogenetica, con risultati contrastanti. Poi, con l'avvento della biologia molecolare, l'interesse per il concetto di campo morfogenetico diminuì. Tuttavia, Gurwitsch rimase una figura importante nella storia delle idee perché aveva colto una questione fondamentale:

lo sviluppo degli organismi non pùò essere spiegato soltanto dalla chimica locale. Serve una dimensione di coordinamento, una rete di relazioni che orienta la forma.

In questo senso, è giusto dire che Gurwitsch ipotizzò l'esistenza di campi morfogenetici e di forme di comunicazione tra cellule basate su un livello di organizzazione superiore, capace di guidare e orchestrare la crescita. La sua intuizione, anche se non confermata sperimentalmente nei termini originari, anticipò alcune domande che ancora oggi sono centrali nella biologia dello sviluppo e nella teoria dei sistemi complessi.

Nel 1944 Erwin Schrödinger, nel saggio "*What is Life*?", parlò della cellula come di un'entità capace di mantenere ordine proprio grazie a flussi di informazione invisibili al semplice sguardo chimico. Anche senza aderire alle interpretazioni più speculative, rimane un punto essenziale: ogni sistema complesso è definito dalle relazioni, non solo dagli elementi.

L'interconnessione diventa forza causale quando la relazione modifica la dinamica del sistema. Lo vediamo in molte discipline. In ecologia, una variazione in una specie può trasformare l'intero equilibrio di un ecosistema. In economia, un cambiamento di fiducia collettiva può innescare una crisi o una ripresa. Nel mondo digitale, un segnale inviato da un computer in Giappone può modificare in tempo reale il comportamento di utenti a Milano o a Buenos Aires. La connessione crea effetti: non è neutra, è un agente.

Applicata al tema della coscienza, questa prospettiva suggerisce che i processi mentali non siano entità isolate. Che possano esistere strutture di collegamento tra individui, gruppi e contesti. Non nel senso di una telepatia materiale, ma nel senso che la coscienza, se vista come un campo, produce effetti non solo interiori. La disposizione emotiva di una persona può influenzare un ambiente intero. Le idee condivise possono amplificarsi fino a trasformare comportamenti collettivi. Le aspettative diventano profezie. La relazione, ancora una volta, diventa causa.

In questa visione, l'interconnessione non è un ornamento filosofico. È la condizione che permette al mondo di essere dinamico e intelligibile. Ci ricorda che nulla esiste davvero da solo. Ogni punto partecipa a un disegno più grande. E quel disegno non è una cornice esterna, ma un sistema di forze reali che modellano il flusso degli eventi.

L' interconnessione nella tesi di Sheldrake

Sheldrake, negli anni Ottanta, riprese la parola "morfogenetico" ma la rielaborò completamente. Propose l'esistenza di "campi morfici" e della "risonanza morfica", una forma di interconnessione non locale e non limitata allo sviluppo embrionale. Secondo lui, comportamenti, forme e persino schemi mentali sarebbero sostenuti da campi che conservano memoria e che collegano tra loro individui della stessa specie. È un'idea molto più ampia e controversa, non confermata sperimentalmente.

In sintesi: Gurwitsch introdusse il concetto biologico di "campo morfogenetico"; Sheldrake reinterpretò e ampliò questo concetto trasformandolo in una teoria generale della memoria della natura e dell'interconnessione non locale.

Quando si parla di interconnessione come forza causale, il pensiero di Rupert Sheldrake offre un esempio vivido di come questa idea possa essere estesa oltre la fisica e applicata ai sistemi viventi e ai processi mentali. Sheldrake è una figura controversa, spesso criticata dagli ambienti accademici tradizionali, ma il suo contributo ha avuto un grande impatto culturale perché tenta di tradurre in biologia un principio semplice: la relazione può essere causa.

Alla base della sua teoria c'è il concetto di "risonanza morfica", formulato nei primi anni Ottanta durante il periodo in cui lavorava in India, al "*British Institute of Indian Studies*". Secondo Sheldrake, la natura non è governata solo da leggi fisse, ma anche da abitudini che si consolidano nel tempo. Ogni forma vivente, ogni comportamento, ogni struttura psichica sarebbe immersa in un campo, il "campo morfico", che conserva la memoria della specie e la rende accessibile ovunque e in ogni momento.

La teoria della risonanza morfica di Rupert Sheldrake sostiene che la natura non sia guidata solo da leggi fisse, ma anche da "abitudini" inscritte in campi morfici che conservano la memoria delle forme e dei comportamenti. Organismi o sistemi simili risuonano tra loro attraverso questi campi, rendendo più probabile la ripetizione o l'apprendimento di schemi già stabiliti altrove. In pratica, la pera nasce come germoglio e si sviluppa in frutto, diventando pera, seguendo il campo morfico che, secondo l'ipotesi di Sheldrake, ne orienta forma e crescita.

La risonanza morfica descrive un modo di agire della natura basato sull'interconnessione: forme simili risuonano tra loro, e questa risonanza produce effetti. Per Sheldrake, se un gruppo di organismi impara un nuovo comportamento, lo rende più facile da apprendere per altri organismi della stessa specie, anche a distanza. La connessione tra i membri della specie, in questo modello, diventa una causa reale. Non serve contatto diretto. Non serve trasmissione materiale. È il campo a collegare e a generare cambiamento.

Uno degli esempi più citati da Sheldrake riguarda la storia delle cinciallegre inglesi. Negli anni Quaranta impararono a forare i tappi delle bottiglie di latte lasciate davanti alle case, per cibarsi della crema in superficie. Secondo Sheldrake, il comportamento si diffuse troppo rapidamente per essere spiegato da un passaggio diretto da un individuo all'altro. È un caso affascinante, anche se non privo di critiche. Ciò che conta, però, non è la precisione storica dell'aneddoto, ma l'idea sottostante: un cambiamento locale può avere conseguenze globali attraverso un campo condiviso.

Nella visione di Sheldrake, dunque, l'interconnessione non è decorativa. È la struttura stessa attraverso cui la natura costruisce novità. Le forme viventi non evolvono solo per mutazioni casuali o per pressioni selettive esterne. Evolvono perché sono immerse in una rete invisibile di risonanze. La relazione tra passato e presente diventa una forza che guida il futuro.

Questa prospettiva ha avuto risonanza in molti ambiti culturali. Negli anni Novanta fu discussa in riviste come "*New Scientist*" e "*Nature*". Sheldrake tenne conferenze in università americane e in contesti più interdisciplinari come *l'Esalen Institute* in California. Senza essere accettata come teoria scientifica ortodossa, l'idea dei campi morfici entrò comunque nell'immaginario collettivo perché dava una forma semplice a una intuizione condivisa: esiste una continuità tra gli esseri viventi che non si lascia ridurre alla somma dei singoli.

Se collegata al tema della coscienza come campo, la teoria di Sheldrake offre un ponte interpretativo. In un modello del genere, le menti non sono più monadi isolate. Sono punti in una trama continua. I loro stati si influenzano, si amplificano, si riecheggiano. Le idee circolano perché trovano corrispondenza nel campo. Le emozioni diventano contagiose perché partecipano a una forma condivisa. Ciò che accade nell'esperienza di uno può, in modi sottili, predisporre la mente di altri.

Anche senza accettare tutti gli aspetti della teoria di Sheldrake, l'intuizione centrale resta fertile: la connessione può essere una causa. La relazione può modificare il sistema. La somiglianza può creare risonanza. E questa risonanza può avere effetti reali. In un mondo inteso come campo di coscienza, il contributo di Sheldrake diventa così una metafora potente e una possibile anticipazione: il vivente, e forse la mente stessa, non evolve da solo. E non pensa da solo. Vive dentro un campo che collega, ordina e produce novità.

Le reazioni alle teorie di Sheldrake.

Le reazioni sono contrastanti. I biologi e i fisici più ortodossi contestano la mancanza di prove sperimentali. Ma accade qualcosa di inatteso. Le sue idee iniziano a circolare in altri campi. Artisti come la coreografa americana Anna Halprin lo citano nei loro diari. Antropologi come Michael Harner vedono analogie tra i campi morfogenetici e certe visioni sciamaniche. Psicologi del transpersonale trovano nella risonanza morfica un modello per spiegare fenomeni collettivi come le ondate di innovazione culturale.

Il successo della teoria non sta nella verifica sperimentale. Sta nella forza evocativa. Sheldrake offre una cornice concettuale che dà voce a intuizioni antiche: la natura come trama vivente, la memoria come proprietà diffusa, la forma come relazione.

In un'intervista del 1987 Sheldrake afferma: "*La scienza si è specializzata nello studio dei mattoni dell'universo. Io cerco di capire il cemento che li tiene insieme*". Una frase che sintetizza l'ambizione del suo progetto. Guardare non solo alle parti, ma al campo che le connette.

Che si accetti o meno la sua teoria, un dato è certo. Sheldrake ha rimesso al centro del discorso scientifico una parola che sembrava scomparsa: interconnessione. Ha ricordato che la natura potrebbe essere più ampia dei modelli che usiamo per descriverla. E che la vita potrebbe custodire memorie che ancora non sappiamo riconoscere, ma che ci parlano di una rete profonda che attraversa il mondo visibile.

Idee simili in filosofia orientale.

Molto prima che l'Occidente introducesse i concetti di campo fisico o campo psichico, l'Asia aveva già elaborato una visione dell'universo come tessuto continuo. Un mondo attraversato da vibrazioni, energie, correnti di significato. Non si parlava di fisica. Si parlava di esperienza. Di intuizioni metafisiche che descrivevano una realtà unitaria.

Nelle *Upanishad*, composte tra l'VIII e il V secolo a.C., compare il termine *Akasha*. Non indica lo spazio vuoto. È un "etere sottile", un principio vibrante che permea ogni cosa. Gli antichi commentatori lo definiscono "il luogo dove risuonano le forme". Un'immagine semplice. Un campo che registra e custodisce ciò che accade. In alcuni testi, come la *Chandogya Upanishad*, si afferma che tutto nasce da Akasha e a esso ritorna. Come se fosse una matrice cosmica. Un archivio invisibile.

Accanto ad Akasha compare un altro concetto fondamentale: il *Brahman*. La tradizione vedantina lo descrive come l'unità di fondo dell'esistenza. Non è un dio nel senso occidentale. È la sostanza ultima del reale. La "*Sottigliezza*" che sostiene tutte le cose. Nel X secolo, il filosofo Shankara spiega che ogni essere vivente è come un'onda sull'oceano del Brahman. Ha forma propria. Ma non è separata dal mare che la genera. Una metafora che anticipa, in modo sorprendente, alcune concezioni contemporanee della coscienza come campo condiviso.

In Cina, la riflessione prende un'altra direzione. Il concetto di "*qi*" non è solo energia vitale. È un flusso che attraversa corpi, stagioni, luoghi. Un movimento che crea armonia o disordine. I medici della dinastia Han, nel III secolo a.C., tracciavano su pergamene linee che indicavano i percorsi del qi. Assomigliano a mappe geografiche. Non volevano rappresentare organi. Volevano rappresentare correnti. Come se il corpo fosse un paesaggio attraversato da un campo dinamico.

Il taoismo amplia questa visione. Parla di una "circolazione cosmica" che unisce cielo, terra e uomo. Nei testi di Zhuangzi, del IV secolo a.C., si legge che "*tutte le cose respirano insieme*". Una frase che richiama l'idea di un universo interconnesso. Un unico respiro che scorre attraverso ogni forma.

In Giappone, qualche secolo più tardi, lo Zen rielabora questi concetti in chiave esperienziale. La *Mente Unica* non è un'entità separata. È il livello originario della coscienza. Quello che precede le distinzioni tra soggetto e oggetto. Il maestro Dōgen, fondatore della scuola Sōtō nel XIII secolo, scrive nei suoi appunti: "*La mente è montagna, fiume, terra*". Non usa un linguaggio poetico. Descrive una percezione diretta. Una consapevolezza che non si limita al singolo individuo. Una mente che coincide con il mondo.

Persino nella filosofia buddhista tibetana si ritrova un concetto affine. La "coscienza di base", o "*ālaya-vijñāna*", viene descritta come un deposito sottile che conserva tracce esperienziali. Non è una memoria personale. È un campo condiviso, costantemente alimentato dalle intenzioni e dalle azioni dei viventi.

Queste tradizioni non pretendono di definire leggi scientifiche. Offrono invece una visione del mondo. Un modo di pensare la realtà come rete di relazioni, più che come somma di parti. E, soprattutto, affermano che la mente non è confinata nel singolo. È un fenomeno più vasto. Un'emanazione dell'intero. In queste intuizioni, antiche di millenni, troviamo una sorprendente consonanza con le idee moderne dei campi psichici. Non perché dicano le stesse cose. Ma perché condividono una stessa intuizione di fondo. L'universo è un processo unitario. La coscienza è una dimensione che attraversa la vita. E ciò che chiamiamo "mente individuale" potrebbe essere solo un punto di questa trama infinita.

I campi sociali e cultural.

Quando, alla fine del XIX secolo, la sociologia muove i primi passi come disciplina autonoma, l'Europa attraversa una fase di trasformazioni radicali. La seconda rivoluzione industriale cambia il ritmo delle città. Le campagne si svuotano. Le strutture comunitarie delle società tradizionali si allentano. Nasce una domanda nuova: che cosa tiene insieme una società che non si basa più sulla consuetudine, sulla religione o sulla tradizione?

DURKHEIM, BOURDIEU E LE MATRICI PSICOSOCIOLOGICHE CONDIVISE.

Emile Durkheim, professore alla Sorbona dal 1902, cerca una risposta scientifica. Non gli interessa capire perché un individuo compia una scelta, ma quali condizioni collettive rendono quella scelta probabile. Il suo libro più celebre, "*Le Suicide*" (1897), è un tentativo straordinario di mostrare che esiste una dimensione sociale che precede le intenzioni della persona.

Durkheim analizza migliaia di registri anagrafici. Confronta tassi di suicidio tra regioni cattoliche e protestanti. Nota differenze nette. Quelle differenze, dice, non si spiegano con stati d'animo individuali, perché la sofferenza non ha confini confessionali. A spiegare tutto sono invece "correnti sociali", forze impalpabili che attraversano la società come venti dominanti.

In un passo poco citato, Durkheim scrive: "*Ci sono maniere collettive di sentire e di agire che esistono al di fuori delle coscienze individuali*". È l'intuizione di un campo prima del termine "campo". Una sorta di atmosfera psicosociale che circonda gli individui e orienta comportamenti, emozioni, giudizi morali. Durkheim parla di "fatti sociali". Li definisce come realtà esterne che esercitano una coercizione. Sono invisibili, ma non astratti. Agiscono. Modellano le condotte come la pressione dell'aria modella il volo degli uccelli. Esistono anche se nessuno li vede, anche se nessuno li nomina.

È una visione del sociale come tessuto di energie. Non ancora un campo in senso tecnico, ma la premessa di tutte le teorie successive che descriveranno la società come un sistema dinamico di forze.

Un secolo dopo, la sociologia francese torna a interrogarsi su ciò che struttura la vita collettiva. Pierre Bourdieu, nato in un villaggio dei Pirenei nel 1930, osserva da vicino l'ascesa e la trasformazione delle élite culturali della Francia del dopoguerra. Frequenta la Parigi degli anni Sessanta. Studia gli studenti della Sorbona. Analizza le abitudini estetiche, i gusti, i consumi culturali. E nota che anche ciò che sembra personale – un libro amato, un'opera d'arte rifiutata – risponde a logiche più profonde.

È qui che introduce il concetto di "campo sociale". Ogni ambito della società è uno spazio di forze: il campo letterario, quello economico, quello accademico. In ciascuno convivono posizioni, ruoli, strategie. Un artista non crea nel vuoto. Un politico non decide nel deserto. Ogni gesto è in relazione a un orizzonte di aspettative, rivalità, regole implicite.

Bourdieu definisce il campo come "*un microcosmo dotato di proprie leggi*". Queste leggi non sono scritte. Sono incorporate nelle persone attraverso l'*habitus*, una sorta di memoria sedimentata, fatta di gesti, reazioni, schemi interpretativi appresi nel tempo. Una struttura che guida spontaneità solo apparenti.

Il concetto di "*capitale simbolico*" completa la sua visione. La reputazione, il prestigio, l'autorità – ciò che non si vede – possono avere più peso del potere economico. Sono forme di energia sociale che circolano, si accumulano, si trasformano. Come in un campo fisico, ogni movimento produce ripercussioni. Un episodio curioso illumina il pensiero di Bourdieu. Nel 1979, durante un'intervista su France Culture, gli chiedono perché le persone "scelgono" determinati comportamenti. Lui sorride. Poi risponde: "*Le nostre azioni non sono mai solo nostre. Sono il risultato di un intreccio invisibile*". Una frase che sembra uscita da un manuale di fisica dei campi, non da una lezione di sociologia.

Durkheim e Bourdieu arrivano da contesti diversi, ma condividono la stessa intuizione: il sociale non è la somma delle persone. È un ambiente sottile, una rete di influenze e pressioni che opera come una matrice invisibile. Una specie di campo psicoculturale collettivo.

La sociologia del Novecento ha mostrato come gli individui vivano immersi in spazi di significato che li precedono. Tradizioni, norme, valori, aspettative. Tutto questo forma un ecosistema mentale che orienta la vita quotidiana. Non lo percepiamo direttamente, ma ne subiamo l'attrazione come la Terra subisce quella del Sole.

Ecco la lezione fondamentale: tra noi esistono relazioni che non vediamo. E proprio perché invisibili sono potenti. Agiscono nelle nostre scelte. Nel modo in cui pensiamo. E persino nei desideri che crediamo più personali. In questa prospettiva, parlare di "campo psichico" non è una metafora. È un'estensione naturale di ciò che Durkheim e Bourdieu hanno descritto. Le nostre menti non sono isole. Sono punti immersi in un oceano di forze sociali e culturali. Un oceano che genera forme, schemi, orientamenti. Una matrice condivisa, dalla quale nessuno può davvero separarsi.

La nascita della noosfera.

All'inizio del Novecento, mentre l'Europa vive il trauma della Prima guerra mondiale, due studiosi lontanissimi tra loro arrivano a un'intuizione sorprendente. In Francia, il gesuita e paleontologo Pierre Teilhard de Chardin. In Russia, il geochimico Vladimir Vernadskij. Non si incontrano mai. Non si scambiano lettere. Eppure, formulano la stessa idea: la Terra sta generando un nuovo strato. Dopo la geosfera minerale e la biosfera della vita, sta emergendo la noosfera.

La noosfera è l'idea che, a un certo punto dell'evoluzione della Terra, la coscienza umana abbia formato uno strato nuovo, sottile e collettivo, che avvolge il pianeta come un'aura pensante. Non è una sfera fisica, ma una dimensione in cui si intrecciano pensieri, simboli, culture, intenzioni, tutto ciò che l'umanità produce interiormente e che poi si riversa nel mondo.

Una sorta di pelle mentale della Terra, sempre più complessa, sempre più interconnessa, e forse, nelle visioni più audaci, destinata a una forma superiore di unità.

Oggi il concetto viene citato quando si parla di reti digitali, intelligenza collettiva, convergenze culturali: tutto ciò che suggerisce che il pensiero umano non è più solo individuale, ma scorre in un ambiente condiviso, come se la Terra respirasse attraverso le nostre idee.

In breve: la noosfera è il "mondo del pensiero" come fenomeno planetario, la memoria viva e in evoluzione dell'umanità.

Teilhard de Chardin e Vernadskij. La mente come dimensione planetaria

Teilhard elabora questa visione durante le sue missioni scientifiche in Cina. Nel 1923, mentre partecipa alle ricerche che porteranno alla scoperta dell'"uomo di Pechino", annota nei suoi quaderni che "*l'umanità si avvolge intorno al pianeta come una pellicola nervosa*". Immagina un involucro sottilissimo composto da relazioni, idee, emozioni condivise. Una rete mentale che cresce insieme alla socializzazione e ai progressi della comunicazione.

Il passo decisivo arriva con "*Il fenomeno umano*". Il libro è completato nel 1938, ma verrà pubblicato solo nel 1955, un anno dopo la sua morte. La Chiesa lo considera troppo audace. Teilhard descrive l'umanità come una "*coscienza collettiva in gestazione*". Per lui, la radio, il telefono, i primi esperimenti di comunicazione globale sono i segnali concreti che la mente sta diventando dimensione planetaria.

Teilhard scrive: "*Viviamo l'era della planetarizzazione del pensiero*". È il 1947. Internet non esiste. I satelliti per telecomunicazioni neppure. Eppure, la sua metafora dell'involucro mentale anticipa l'immagine della rete globale che nascerà mezzo secolo più tardi.

Nello stesso periodo, a migliaia di chilometri di distanza, Vernadskij osserva un fenomeno diverso ma convergente. Studia la biosfera come sistema energetico. Analizza il ruolo dell'uomo nella trasformazione del pianeta. Nel 1926, in una conferenza a Leningrado, pronuncia una frase che oggi appare quasi profetica: "*La mente diventerà una forza geologica*".

Non si riferisce alla tecnologia in senso stretto. Pensa alla conoscenza scientifica. Alla sua capacità di ridefinire la relazione tra l'uomo e la Terra. Per Vernadskij, ogni scoperta genera un effetto materiale. Non è un'idea astratta. È una potenza reale, capace di modificare ecosistemi, economie, culture. Nel suo libro "La biosfera" (1926) prevede che la cooperazione intellettuale tra i popoli diventerà una struttura stabile. Precisa: "*La noosfera emergerà quando l'umanità agirà come una unità*". È un concetto che anticipa l'ecologia cognitiva contemporanea. La mente come fattore ambientale. Come strato operativo del pianeta.

Teilhard e Vernadskij arrivano alla noosfera da percorsi opposti. Uno cerca un punto di incontro tra scienza e spiritualità. L'altro rimane rigorosamente materialista. Ma entrambi descrivono la stessa trasformazione: il sapere umano sta creando un campo planetario. Una sfera in cui ogni mente influisce su tutte le altre. Negli anni Trenta, la parola "noosfera" circola già nei circoli scientifici sovietici. Ma è negli Anni Sessanta che la visione prende forma pubblica. La conquista dello spazio cambia la percezione del pianeta. Le prime fotografie della Terra vista dalla Luna, diffuse nel 1968, sembrano illustrare esattamente ciò che Teilhard aveva immaginato: un globo fragile, avvolto da una sottile membrana di vita e coscienza.

Negli stessi anni, la nascente cibernetica parla di sistemi informativi globali. Marshall McLuhan, teorico dei media, usa l'espressione "*villaggio globale*". La noosfera diventa improvvisamente un concetto moderno. Non più un sogno mistico o un'utopia filosofica, ma una metafora concreta per leggere la crescente interdipendenza culturale del pianeta.

Oggi la noosfera è una chiave interpretativa della globalizzazione cognitiva. Spiega la diffusione planetaria delle idee. Le reti sociali. Le accelerazioni tecnologiche. Le crisi che si espandono da un continente all'altro. Ma anche fenomeni più sottili: l'emergere di sensibilità comuni, di movimenti globali, di paure condivise.

Il grande merito di Teilhard e Vernadskij è di aver visto tutto questo con decenni di anticipo. Hanno descritto la mente come campo planetario quando il mondo non era ancora una rete.

Oggi quella rete è reale. E la noosfera non appare più un'immagine poetica. Somiglia piuttosto a una diagnosi. E forse anche a una promessa: la mente umana come nuovo livello dell'evoluzione terrestre.

IV°. La fisica quantistica.

La fisica quantistica è nata all'inizio del Novecento come un ripensamento radicale della materia. Col tempo si è rivelata molto di più. Ha mostrato che la realtà non è fatta di oggetti separati. È fatta di relazioni. Di informazioni. Di connessioni che sfidano l'intuizione.

Quando nel 1900 Max Planck introduce il "quanto d'energia", nessuno immagina che quell'idea avrebbe trasformato non solo la fisica, ma la nostra visione del mondo. Neppure Einstein, che nel 1905 usa il quanto per spiegare l'effetto fotoelettrico, può prevedere che un giorno avremmo parlato di entanglement, di collasso della funzione d'onda, di vuoto quantistico come di un mare di possibilità.

Nel giro di pochi decenni, da Copenaghen a Princeton, da Parigi a Zurigo, nasce una nuova mappa della realtà. Una mappa che gli stessi protagonisti faticano ad accettare. Einstein la definisce "inquietante". Bohr la chiama "sconvolgente". Heisenberg dice che "la natura sembra essere fatta di probabilità, non di cose".

In questo capitolo esploriamo alcune idee chiave che hanno contribuito alla nuova immagine di un universo profondamente interconnesso. Non per trasformare la fisica in filosofia. Ma per capire perché il mondo quantistico continua a suggerire analogie con il tema dei campi, delle relazioni, della coscienza. Con prudenza, ma senza rinunciare alla curiosità.

Il paradosso dell'entanglement.

L'entanglement non nasce come una meraviglia. Nasce come un fastidio teorico. Un sassolino nella scarpa della fisica. Nel 1935 Einstein, Podolsky e Rosen pubblicano un articolo destinato a diventare famoso come il paradosso EPR. L'obiettivo è chiaro: dimostrare che la meccanica quantistica è incompleta. Che manca qualcosa: una variabile nascosta, un ingranaggio che restituisca all'universo un minimo di buon senso.

Per farlo, immaginano due particelle create insieme. Appena dopo la nascita comune, le particelle si separano. Possono allontanarsi per metri, chilometri, anni luce. Ma i valori di alcune loro proprietà restano perfettamente correlati. Se una particella assume una certa direzione di spin, l'altra assume la direzione complementare, come se si fossero accordate in anticipo. O come se comunicassero più velocemente della luce. Questo è impossibile.

PARTICELLE CORRELATE OLTRE LO SPAZIO.

Einstein non tollera questa idea. In una lettera a Max Born, datata 3 marzo 1947, scrive la frase che entrerà nei manuali: "Spooky action at a distance". Azioni spettrali a distanza. Per lui, l'universo è razionale. Le cause precedono gli effetti. Nessun influsso può viaggiare istantaneamente. La natura deve rispettare il limite imposto da Einstein stesso nella relatività speciale: nulla supera la velocità della luce.

Eppure, proprio la sua teoria viene messa in crisi dalla quantistica. Nel quadro matematico della meccanica quantistica, l'entanglement è inevitabile. È un risultato naturale delle equazioni. È un legame non locale che non si può aggirare. Come se l'universo, nella sua parte più elementare, ignorasse la geografia.

LA CONFERMA DELL'ENTANGLEMENT.

Per decenni la questione rimane sospesa. La comunità scientifica non riesce a decidere se l'entanglement sia un'ambiguità, un inghippo formale o un fenomeno reale. La svolta arriva negli anni Ottanta, in un laboratorio in periferia di Parigi. Il laboratorio di Orsay.

Alain Aspect, giovane fisico allora poco conosciuto, decide di mettere alla prova sperimentale un risultato teorico di John Bell. Nel 1964 Bell aveva mostrato che, se l'entanglement è reale, allora esistono limiti alla possibilità di spiegare tutto con variabili nascoste locali. In altre parole: l'universo non può essere interamente costruito con pezzi che influenzano solo ciò che hanno vicino.

Aspect progetta un apparato ingegnoso. Genera coppie di fotoni intrecciati. Li invia in direzioni opposte. Varia le condizioni di misura in modo rapido e imprevedibile. Registra i dati. È il 1982. I computer sono lenti. Le misure difficili. L'esperimento richiede mesi di pazienza, notti in laboratorio, un'attrezzatura che oggi farebbe sorridere. Ma i risultati sono chiari, inequivocabili: le correlazioni tra i fotoni violano le disuguaglianze di Bell. La natura sceglie la non località. L'entanglement è reale.

Non c'è scambio di segnali. Non c'è comunicazione. Non c'è viaggio di informazione più veloce della luce. C'è invece una connessione che precede lo spazio stesso. Una relazione che non attraversa lo spazio perché esiste fuori dallo spazio. Due particelle non sono più due oggetti separati. Sono parte di un'unica struttura.

Il paradosso diventa una pietra angolare della fisica moderna. Oggi è sfruttato nei laboratori di mezzo mondo. Le tecnologie quantistiche usano l'entanglement per garantire comunicazioni inviolabili. L'Università di Vienna nel 2015 realizza esperimenti su distanze cittadine. Nel 2017 la Cina lancia il satellite Micius e ottiene correlazioni quantistiche su migliaia di chilometri. La non località entra nell'ingegneria. E non ne esce più.

Il fenomeno affascina non solo gli scienziati. Nel 2005 il filosofo Tim Maudlin, in una conferenza a New York University, disse che l'entanglement è "la più radicale riscrittura del concetto di separazione mai imposta dalla scienza". Un'affermazione che cattura bene la portata culturale della scoperta. L'entanglement non riguarda solo la fisica. Riguarda la nostra idea di distanza. Di oggetto. Di realtà.

Un ricercatore del MIT, in un simposio del 2018, ha aggiunto un commento altrettanto potente: "*L'entanglement ci costringe a pensare l'universo come un unico oggetto*". Non un mosaico di parti, ma un sistema indivisibile. Come se la separazione fosse un'illusione pratica, buona per il mondo macroscopico, ma del tutto inadeguata per descrivere ciò che avviene nell'infinitamente piccolo.

L'entanglement mette a disagio perché insinua un dubbio. Forse l'universo non è un insieme di cose. Forse è un insieme di relazioni. E le relazioni, una volta create, non si spezzano con la distanza. Einstein non accettò mai questa conclusione. Ma i fatti, oggi, parlano chiaro. Nel cuore della materia abita un legame che attraversa lo spazio senza viaggiare. Un legame che allarga la nostra idea di causa, ordine, connessione.

È il primo segnale che, nel mondo quantistico, la realtà è più intrecciata di quanto la nostra intuizione sia pronta a immaginare.

La meccanica quantistica come rivoluzione epistemica.

Per tre secoli la fisica ha coltivato un sogno rassicurante. La possibilità di osservare senza toccare. Guardare senza alterare. Nel modello classico, ereditato da Newton, l'osservatore è un cronista imparziale. Cronometra, calcola, registra. Lo fa "dall'esterno". Il sistema osservato non risente della presenza dell'osservatore. La natura, si credeva, rimane identica a se stessa. Indipendente da chi la studia.

La meccanica quantistica spazza via questa certezza. Non con un singolo esperimento. Ma con una serie di colpi inferti a partire dagli anni Venti. È più una rivoluzione epistemologica che una scoperta tecnica. Cambia il rapporto tra conoscenza e realtà.

L'INDETERMINAZIONE.

L'indeterminazione, più che un principio tecnico, è una frattura nel nostro modo di immaginare il mondo. Per secoli abbiamo pensato l'universo come un grande meccanismo d'orologeria: ogni ingranaggio al suo posto, ogni movimento previsto, ogni causa che produce un effetto chiaro. Poi, all'inizio del Novecento, la fisica microscopica ci ha detto qualcosa che sembrava quasi irricevibile: che alla radice delle cose non c'è un disegno perfettamente tracciato, ma una vibrazione di possibilità.

Quando parliamo di indeterminazione, non stiamo dicendo che non riusciamo a misurare bene. Stiamo dicendo che, prima della misura, certi aspetti di una particella non sono semplicemente “nascosti”: non esistono ancora in forma definita. È come se la realtà, in scala minuscola, esistesse in uno stato di sospensione, un ventaglio di potenzialità che solo l’interazione con il mondo – cioè la misura – costringe a concretizzarsi in un esito particolare.

Einstein non sopportava questa idea. Per lui, dietro ogni fenomeno doveva esserci un ordine preciso, anche se non lo vedevamo. Ma Bohr e gli altri quantisti rispondevano: l’ordine è diverso da quello che ti aspetti. La natura non è una macchina: è un campo di possibilità che si attualizzano quando si intrecciano con l’osservazione.

Il punto più sorprendente dell’indeterminazione è che non riguarda solo “quanto ne sappiamo”, ma “cosa può essere saputo”. Certi aspetti della realtà si escludono a vicenda: se vuoi che qualcosa sia perfettamente qui, devi accettare che smetta di essere perfettamente “definito” nel suo movimento, e viceversa. Come se la realtà non potesse mai farsi catturare tutta intera, ma soltanto mostrarsi a frammenti, a prospettive.

E questa non è debolezza o caos: è struttura. È il modo in cui l’universo si permette di essere creativo, imprevedibile, vivo.

L’indeterminazione è la fessura attraverso cui entra il possibile. È ciò che impedisce al mondo di essere un copione già scritto e lo rende un processo, un divenire continuo.

In fondo, è il modo in cui la natura ci ricorda che non tutto può essere ridotto a punti fermi. Che la realtà, come un’onda, ha bisogno di vibrare per essere reale.

Il principio di indeterminazione è stato teorizzato da Werner Heisenberg nel 1927. Fu lui a formulare l’idea che, nel mondo quantistico, certe grandezze – come posizione e quantità di moto – non possono essere definite simultaneamente con precisione arbitraria. La sua intuizione non fu solo un risultato tecnico, ma un vero cambio di paradigma: mostrò che la realtà, a livello fondamentale, non è un insieme di valori nascosti in attesa di essere scoperti, ma un intreccio di possibilità che si definiscono solo nel rapporto con la misura.

Heisenberg lo capì e lo espresse con una chiarezza che, ancora oggi, continua a ridisegnare il nostro modo di pensare il mondo. Nei fatti, Heisenberg presenta un risultato che destabilizza chi ancora crede nella vecchia meccanica. Il suo principio di indeterminazione non è un difetto degli strumenti. Non è un errore di laboratorio. È una legge della natura. Non si possono conoscere con precisione arbitraria posizione e quantità di moto di una particella. Più si fissa uno dei due valori, più l'altro sfugge. È un limite strutturale. Una proprietà del mondo.

Una sua citazione diventa il manifesto di una nuova era: "*Ciò che osserviamo non è la natura in sé. È la natura esposta ai nostri metodi di indagine*". La fisica, senza accorgersene, entra in un territorio che un tempo apparteneva ai filosofi. Non studia solo ciò che è. Studia ciò che si manifesta quando qualcuno lo osserva.

I LIMITI DELL'OSSERVATORE.

Uno dei momenti chiave avviene nel 1927, alla Conferenza Solvay di Bruxelles. Il clima è teso. Einstein incalza i giovani teorici. "*Dio non gioca a dadi*", ripete tra le pause dei lavori. Dall'altra parte, Niels Bohr ricorda che il mondo atomico non ha alcun obbligo di assomigliare a quello quotidiano. Le fotografie dell'epoca mostrano volti concentrati, mani giunte, sguardi assorti. In mezzo a loro, un venticinquenne occhialuto: Werner Heisenberg.

Dio non gioca a dadi.

Quando Einstein pronunciò questa celebre frase stava esprimendo la sua profonda perplessità verso l'interpretazione probabilistica della meccanica quantistica, in particolare quella proposta dalla scuola di Copenaghen (Bohr, Heisenberg, ecc.).

In sintesi, voleva dire tre cose:

La natura non può essere fondamentalmente casuale.

Per Einstein, l'universo doveva avere un ordine profondo, una struttura deterministica. Non accettava l'idea che, a livello fondamentale, i fenomeni quantistici fossero governati solo da probabilità.

Le probabilità quantistiche indicavano un limite della teoria, non della realtà.

Secondo lui, la meccanica quantistica era un modello estremamente preciso, ma incompleto: mancava qualcosa che avrebbe restituito un quadro deterministico più profondo (le famose "variabili nascoste").

"Dio" era una metafora.

Non parlava del Dio teologico, ma di un principio cosmico di ordine e intelligibilità. Era il suo modo poetico di dire: l'universo non può essere frutto del caso cieco.

Bohr gli rispose: "*Smettila di dire a Dio cosa deve fare*", sintetizzando bene lo scontro di visioni.

In breve, Einstein non rifiutava la meccanica quantistica come teoria, ma rifiutava l'idea che la casualità fosse un elemento fondamentale della realtà. Per lui, doveva esistere una struttura più profonda e ordinata che ancora non avevamo compreso.

Questa inversione di prospettiva scuote l'immaginario scientifico e culturale. Negli anni Quaranta il filosofo Karl Popper denuncia quello che chiama il "misticismo di Copenaghen", on riferimento all'equipe di Niels Bohr in cui era maturato il concetto di indeterminazione. A Popper sembra impossibile che l'osservatore abbia un ruolo così incisivo. Eppure, la teoria funziona, e continua a funzionare. Le previsioni matematiche sono precise. Le conferme sperimentali si accumulano. La realtà quantistica è diversa da come la intuivamo.

Da questo scenario nasce il concetto di funzione d'onda. Prima della misura, una particella non occupa un luogo preciso.

Vive in una sovrapposizione di stati possibili. Esiste come una distribuzione di probabilità, descritta da un'equazione ideata da Erwin Schrödinger nel 1926. È un oggetto matematico elegante, fluido, quasi musicale. Schrödinger stesso, appassionato di filosofia orientale, la paragona più a un'onda di informazione che a un'entità fisica.

La funzione d'onda non dice dove si trova una particella. Dice con quale probabilità la troveremo. Il passaggio dal possibile al reale avviene con la misura. È qui che la fisica introduce un concetto sorprendente: il collasso.

IL COLLASSO QUANTISTICO

. Il collasso quantistico è, in un certo senso, il momento in cui la realtà smette di essere un ventaglio di possibilità e decide di incarnarsi in una sola. Prima di quel momento, una particella non è "qui" o "lì", non sceglie un percorso o un altro: vive in una tensione di stati sovrapposti, come un pensiero ancora non pronunciato. Poi arriva la misura, e tutto ciò che era sfumato si stringe in un punto preciso, come se l'universo, per un attimo, si schiarisse la voce e dicesse: "Ecco come stanno le cose adesso." Ma questo chiarirsi non è definitivo: è un gesto, un'apparizione che dura solo finché la guardi. Subito dopo la realtà torna a ondeggiare in quella sua incertezza originaria.

L'esperimento della doppia fenditura rende visibile questa natura duplice e sfuggente. Immagina di lanciare singoli elettroni verso due sottili aperture, uno alla volta. Presi uno per uno, ti aspetteresti che si comportino come sassolini lanciati contro una rete: o passano da una fenditura, o dall'altra.. E invece no. Sullo schermo rilevatore disposto al di là delle fenditure gli elettroni creano il disegno tipico di onde che si sovrappongono: è come se ogni elettrone passasse contemporaneamente da entrambe le fenditure, come se possedesse il dono dell'ubiquità.

Poi però provi a chiederti in quale fenditura passi davvero la particella, e collochi un rivelatore dietro una fenditura. E in quell'istante la danza finisce. L'elettrone, come colto sul fatto, si comporta da cosa solida, da particella disciplinata: sceglie una fenditura sola, quella monitorata. Il disegno ondoso scompare e sullo schermo posteriore appare un punto, come se fosse stato colpito da un proiettile. È proprio quell'atto di osservare a trasformare il possibile in reale: a causare il collasso.. L'elettrone, prima disperso tra le due probabilità, "collassa" su una sola. Ciò dipende dal fatto che è stato sottoposto a osservazione.

Non è che l'osservatore "disturbi" la particella, come si sente dire spesso: è qualcosa di più sottile. È che la domanda stessa — "da dove sei passato?" — costringe l'elettrone a definirsi, a diventare una storia singola invece di un racconto intrecciato.

Il collasso quantistico è questo passaggio: dal potenziale al concreto, dal "dovunque" al "qui". La doppia fenditura è il teatro in cui questa trasformazione si rivela, in tutta la sua quieta, disarmante stranezza.

Il ruolo dell'osservatore in fisica quantistica

Nella fisica classica l'osservatore è, in fondo, un narratore esterno: guarda ciò che succede, prende appunti, misura… ma non cambia la storia. È come stare in tribuna a osservare una partita: che tu ci sia o no, che tu guardi o distolga lo sguardo, il pallone seguirà la sua traiettoria, le forze agiranno, il sistema evolverà indipendentemente dalla tua presenza. L'universo classico è un meccanismo che procede da solo; l'osservatore è solo un testimone.

Nella fisica quantistica, invece, l'osservatore non può starsene fuori dalla scena. Ogni tentativo di interrogare la realtà a livello microscopico finisce per partecipare alla sua definizione. È come avvicinarsi troppo a un attore sul palco: la sua recitazione cambia, perché la tua presenza fa parte della situazione stessa. Nel mondo quantistico, ciò che chiamiamo "misura" non è un semplice prendere nota, ma un atto che contribuisce a far emergere uno stato preciso da una nube di possibilità.

È questa la grande differenza: nella fisica classica misurare significa registrare un valore già esistente, indipendente da chi guarda; nella fisica quantistica misurare significa costringere il sistema a prendere forma, a scegliere un'alternativa tra molte.

L'alternativa è il collasso quantistico: la trasformazione della sovrapposizione in un esito concreto. Prima della misura le particelle vivono in una specie di terreno potenziale, un po' come i simboli archetipici nell'inconscio collettivo junghiano o le forme latenti dei campi morfici di Sheldrake: sono possibilità, tendenze, strutture non ancora incarnate. L'atto osservativo è ciò che le fa precipitare nella realtà attuale.

Nella fisica classica, invece, non esiste nulla di simile. Il mondo è fatto di posizioni, velocità e forze tutte pienamente determinate, come le palline di un gigantesco biliardo cosmico. L'osservazione può essere più o meno precisa, può disturbare un po' il sistema perché usa strumenti imperfetti, ma non altera il principio per cui il sistema ha proprietà definite a prescindere dal nostro sguardo.

Per riassumere in modo discorsivo: nella fisica classica guardi il mondo, nella fisica quantistica partecipi alla sua definizione. È come se, al livello più profondo, l'universo fosse meno un meccanismo e più una storia che si scrive nel momento in cui la leggiamo.

Quando osserviamo, la funzione d'onda cede. Si riduce a un valore concreto. Una posizione. Una direzione. Un'energia. Il mondo, per un istante, "sceglie". E questa scelta si compie solo nel momento dell'interazione con l'osservatore. Non prima.

Il paradosso del gatto, proposto da Schrödinger nel 1935, vuole denunciare l'assurdità della situazione. Questo paradosso è una messa in scena concettuale: una sorta di esperimento mentale costruito apposta per mostrare quanto sia straniante applicare la logica quantistica agli oggetti del nostro mondo quotidiano.

L'esperimento del gatto di Schrödinger è un esperimento mentale pensato per mostrare l'assurdità di applicare la sovrapposizione quantistica al mondo macroscopico.

In breve, funziona così: si prende un atomo instabile, che può essere sia decaduto sia non decaduto; lo si collega a un meccanismo: se l'atomo decade, rompe un'ampolla di veleno; se non decade, tutto resta fermo; in una scatola chiusa si mette il meccanismo e un gatto.

Finché la scatola resta chiusa, secondo la logica quantistica il microsistema è in una sovrapposizione di stati. (atomo decaduto e non decaduto) Collegandolo al meccanismo, la sovrapposizione si "trasferisce" al gatto: il gatto è contemporaneamente vivo e morto, almeno nella descrizione teorica. Aprire la scatola equivale alla misura (alla osservazione): l'apertura costringe il sistema a scegliere uno dei due esiti.

Schrödinger costruisce questo scenario non per dire che i gatti sono davvero vivi e morti insieme, ma per far vedere quanto sia paradossale estendere la sovrapposizione quantistica agli oggetti del nostro mondo quotidiano.

La "tecnica" del paradosso consiste in tre mosse fondamentali:

Trasportare la sovrapposizione quantistica nel mondo macroscopico.

Schrödinger immagina un microsistema (un atomo instabile) che può essere sia decaduto sia non decaduto. Poi collega questo microsistema a un meccanismo macroscopico (ampolla di veleno + gatto). Così la sovrapposizione dell'atomo diventa, per assurdo, una sovrapposizione del gatto: vivo e morto allo stesso tempo.

Rendere visibile l'assurdo.

Finché la sovrapposizione riguarda particelle, la accettiamo come regola della meccanica quantistica. Ma quando si estende a un animale, il risultato appare ridicolo e provoca una frizione mentale. È esattamente ciò che Schrödinger vuole: far emergere l'intuizione che c'è una discrepanza tra teoria ed esperienza comune.

Mostrare il problema del collasso.

Il paradosso mette in luce la domanda centrale: quando avviene il collasso della funzione d'onda? Che cosa distingue un sistema quantistico da uno macroscopico? L'osservatore è davvero necessario? Schrödinger non sta cercando una risposta; vuole mettere in discussione l'interpretazione dominante dell'epoca.

In pratica, il paradosso è una trappola intellettuale: usa gli stessi strumenti della meccanica quantistica per portarla in un territorio in cui essa sembra contraddire il buon senso, e in quel contrasto rivela i suoi punti problematici.

Schrödinger spera di mostrare così che qualcosa, nella teoria, non torna. Ma il suo esempio diventa un'icona culturale. Compare nelle conferenze di fisica, ma anche nei romanzi, nei film, nelle lezioni di filosofia della scienza. Mostra la difficoltà di tracciare un confine netto tra il fenomeno e chi lo osserva.

L'aspetto più radicale di tutto questo è che l'osservatore entra nella definizione stessa di realtà. Non è più un testimone esterno. Diventa parte dell'equazione. Per la prima volta nella storia della scienza moderna, il soggetto non può più essere escluso dal quadro. Il mondo subatomico non appare più come un teatro indipendente. È un laboratorio in cui ciò che accade dipende da come si guarda.

Negli anni Sessanta John Wheeler, fisico teorico della Princeton University, sintetizza la questione in una frase che farà storia: "*Nessun fenomeno è un fenomeno finché non è un fenomeno osservato*". Wheeler non suggerisce che la mente umana crei la realtà. Sottolinea però che, nel dominio quantistico, il processo di osservazione completa l'informazione. La misura fa parte del fatto.

È questa la rivoluzione epistemica. La scienza, per necessità, riconosce i propri limiti. E riconosce che l'atto di conoscere influenza ciò che è conosciuto. Non in senso mistico. In senso fisico.

La meccanica quantistica non dice che la coscienza crea l'universo. Ma dice che l'universo, al suo livello più profondo, non può essere descritto senza far spazio all'interazione con chi lo osserva. È un cambiamento di prospettiva radicale. Modifica il linguaggio della fisica. Modifica la filosofia della conoscenza. E apre, indirettamente, lo scenario per nuove domande sulla natura della coscienza stessa.

La rivoluzione non è solo scientifica. È concettuale. Dopo la quantistica, il mondo non appare più come un palco. È una scena in cui anche lo spettatore recita una parte: sempre, e inevitabilmente.

L'universo quantistico come rete di relazioni.

Negli ultimi decenni la fisica ha iniziato a mettere in discussione l'idea tradizionale di "oggetto". Il vecchio paradigma, nato con Democrito e perfezionato dalla fisica classica, si fondava su entità solide e ben definite. Atomi, particelle, pezzi di materia. Ognuno con proprietà proprie. Ognuno separato dal resto.

La meccanica quantistica ribalta questo quadro. Le particelle non appaiono più come mattoni elementari. Sembrano piuttosto nodi in una rete. Nodi che esistono solo perché collegati.

Carlo Rovelli, fisico teorico italiano, spinge questa intuizione alle sue estreme conseguenze. Negli anni Novanta elabora l'interpretazione relazionale della meccanica quantistica. La espone in una serie di articoli pubblicati tra Marsiglia e Pittsburgh, dove all'epoca alternava il lavoro. La tesi è semplice. Una particella non ha proprietà assolute. Ha solo proprietà relative. Relative a ciò con cui interagisce.

Rovelli lo dice con una frase che spesso ripete nelle conferenze: "*Le cose non sono cose. Sono accadimenti*". Non entità permanenti. Ma eventi. Brevi momenti di relazione tra sistemi fisici. Questa visione ricorda, per certi versi, alcune intuizioni della filosofia processuale di Alfred North Whitehead. L'idea che la realtà sia un tessuto di processi più che un insieme di oggetti.

INTERPRETAZIONI RELAZIONALI E INFORMAZIONALI.

La fisica relazionale nasce anche da una constatazione sperimentale. Nel mondo quantistico non ha senso chiedere "qual è lo stato di un elettrone in sé". La domanda è mal posta.

Ha senso chiedere "qual è lo stato dell'elettrone rispetto a un apparato". Oppure rispetto a un altro sistema. La realtà diventa una rete dinamica di relazioni che appaiono e scompaiono.

In questa prospettiva ogni misura è un incontro. Ogni valore è una risposta data all'interazione. La fisica, sorprendentemente, assomiglia più a un dialogo che a un inventario di proprietà.

Parallelamente cresce un'altra linea di ricerca. Una linea che vede l'informazione come il mattone ultimo del cosmo. La formula più celebre è "*it from bit*".

It from bit

L'espressione "it from bit" coniata dal fisico John Archibald Wheeler può essere tradotta, in modo concettuale, come: "l'essere nasce dall'informazione", oppure: "la realtà fisica deriva dall'informazione".

L'idea di Wheeler è che ogni elemento del mondo materiale ("it") non sia fondamentale di per sé, ma emerga da scelte binarie, informazioni elementari ("bit"). In altre parole, l'universo – particelle, campi, eventi – sarebbe in ultima analisi il risultato di atti informativi, cioè di interazioni che producono "sì/no", "uno/zero".

Alcune traduzioni più libere, ma fedele all'intento filosofico, potrebbero essere:

- "la realtà nasce dalle informazioni",
- "la materia è un prodotto dell'informazione",
- "prima dell'essere c'è il bit".

"It from bit" è una visione che mette l'informazione al centro della struttura dell'universo, quasi come "mattoni" fondamentali da cui tutto il resto emerge.

La propone John Wheeler, fisico americano, uno dei grandi protagonisti della fisica del XX secolo. Siamo negli anni Ottanta. Wheeler è alla Princeton University. Cammina spesso nei corridoi del campus. Ricorda studenti che riempiono le lavagne con simboli, codici, schemi. È in quei giorni che matura l'idea che l'informazione non sia un semplice strumento. Ma la sostanza stessa del reale.

Questa idea trova nuova linfa nel lavoro di diversi fisici teorici della generazione successiva. Uno dei più citati è Nima Arkani-Hamed. Lavora all' "*Institute for Advanced Study*" di Princeton. Collabora spesso con il CERN. Propone un formalismo sorprendente: la teoria delle "*ampiezze di scattering*". In questo approccio lo spazio non è un campo fisso. È un effetto emergente. Non viene assunto. Viene calcolato come conseguenza delle relazioni tra particelle in interazione. Non ci sono coordinate, non ci sono distanze. Ci sono solo correlazioni. In un'intervista, Arkani-Hamed sintetizza la sua visione con una frase che colpisce: "*Lo spazio è una convenzione. La realtà è l'ordine delle connessioni*".

È un'idea che richiama, seppur da lontano, l'intuizione di Leibniz secondo cui lo spazio sarebbe solo un sistema di relazioni tra entità.

A questo punto la fisica sembra descrivere un universo che somiglia più a una rete neurale che a un meccanismo. Non ingranaggi: connessioni. Non proprietà isolate: informazioni condivise. Tutto ciò che esiste appare come una conseguenza delle sue relazioni con il resto. Nella cultura scientifica contemporanea questa visione trova eco anche in altri rami della fisica teorica. Le ricerche sulla gravità quantistica suggeriscono che il tessuto dello spazio-tempo potrebbe nascere dall'intreccio di micro-relazioni elementari. Una sorta di ricamo quantico. Una trama invisibile che si manifesta come geometricamente solida solo su scale più grandi. Qualcuno ha paragonato questo scenario alla musica. Non esiste la nota in sé. Esistono solo vibrazioni che acquistano significato dentro una melodia.

Non è difficile capire perché, negli ultimi anni, la fisica quantistica venga citata sempre più spesso nei dibattiti su campi, connessioni mentali, sistemi complessi. Non per dare spiegazioni facili. Ma perché la scienza stessa descrive un universo dove la relazione è fondamentale, l'informazione non è accessoria e nulla esiste da solo.

Il vuoto quantistico.

Il vuoto, nella fisica classica, era il nulla. Uno spazio assolutamente privo di contenuto. Un'idea che risale a Newton, ma che ha radici ancora più lontane. Per secoli l'assenza è stata considerata un concetto semplice: niente materia, niente energia, niente movimento. La meccanica quantistica infrange questa intuizione. Sotto il livello delle apparenze, il vuoto non è vuoto. È un campo brulicante. Un'energia sempre attiva.

Il campo unificato come mare di possibilità.

Richard Feynman, a metà degli anni Cinquanta, lo descrive con una frase che piaceva ai suoi studenti del Caltech: "*Il vuoto è pieno di cose che non esistono abbastanza a lungo per essere viste*". Una battuta, certo. Ma anche una sintesi precisa del comportamento dei campi quantistici. Anche a temperatura zero, anche senza alcuna particella reale, i campi oscillano. Fluttuano. Generano coppie di particelle virtuali che emergono e si annullano in tempi brevissimi. Sono eventi che non diventano mai "realtà" stabile. Eppure, influenzano ciò che osserviamo.

Un esempio concreto arriva nel 1948 dai laboratori della Philips, nei Paesi Bassi. Hendrik Casimir studia l'interazione tra metalli ultrapurificati. Dispone due piastre metalliche a distanza micrometrica. Si aspetta che non accada nulla. Le piastre invece si attraggono. Una piccola forza, ma reale. Casimir intuisce che quella forza è il risultato di una differenza di pressione. Non dell'aria. Ma delle fluttuazioni del vuoto quantistico. Tra le due piastre lo spazio consente la possibilità di esistere solo a determinate oscillazioni. . All'esterno, invece, il vuoto può "vibrare" liberamente. La differenza crea una spinta. È uno dei primi segnali sperimentali che il vuoto quantistico non è un concetto filosofico. È un fenomeno fisico misurabile.

Da allora gli esperimenti si moltiplicano. Negli anni Settanta e Ottanta si studiano gli effetti del vuoto in presenza di campi magnetici intensi. Negli anni Novanta la NASA finanzia ricerche sulle fluttuazioni del vuoto in condizioni estreme, interessata alle possibili implicazioni per la propulsione spaziale. Nulla di fantascientifico, ma abbastanza per confermare che il vuoto è dinamico e reattivo.

A questo punto la domanda sorge spontanea. Che cosa sostiene ciò che chiamiamo realtà? La fisica moderna risponde: il "qualcosa" che sorregge tutto non è un oggetto. È un campo. O meglio, un insieme di campi che permeano l'universo. Tutte le particelle note emergono come eccitazioni di questi campi. Anche il fotone. Anche l'elettrone. Persino il bosone di Higgs, osservato al CERN nel 2012, è un'ondulazione del suo campo.

Il vuoto diventa così il livello più fondamentale della natura. Non un'assenza. Ma una struttura attiva che può generare forma, energia, materia. Julian Schwinger, premio Nobel nel 1965, lo descriveva come "*un mare che non vediamo ma che ci sostiene tutti*".

Molte teorie unificanti, dagli anni Settanta in poi, cercano proprio nel vuoto la chiave dell'intero edificio fisico. La teoria delle stringhe immagina che il vuoto abbia molte "versioni", molte configurazioni possibili. Ogni configurazione darebbe luogo a un universo diverso, con leggi diverse. Un'idea suggestiva, nata tra i corridoi di Princeton e l'ambiente cosmopolita dell'"*Institute for Advanced Study*". Nei modelli di campo quantistico su spazio curvo, invece, il vuoto dipende dalla geometria dello spazio-tempo. Cambia vicino ai buchi neri. Cambia durante l'espansione dell'universo. E potrebbe spiegare l'energia oscura, quella misteriosa spinta che accelera l'espansione cosmica.

Il vuoto quantistico ha anche un valore culturale sorprendente. La filosofia orientale, in particolare il buddhismo Madhyamaka, descrive il vuoto come "pieno di potenzialità". Un concetto che non coincide con quello scientifico, ma che crea un interessante parallelo. L'idea che sotto la forma ci sia un livello più profondo. Un livello di possibilità.

È importante evitare facili analogie. La fisica quantistica parla di oscillazioni di campi misurabili. La filosofia parla di esperienza e significato. Ma entrambi, in modi diversi, mostrano che il nulla non è semplice assenza.

Il vuoto quantistico ci ricorda che la realtà visibile è solo la punta di un iceberg. Sotto di essa c'è una trama energetica che fluttua. Una base sempre attiva che rende possibile l'esistenza di tutto il resto. È una visione che cambia la percezione stessa dell'universo. Non più un palcoscenico inerte. Ma un mare in continuo movimento. Un mare di possibilità che attende, in ogni istante, di manifestarsi..

Fisica quantistica e coscienza.

Il rapporto tra fisica quantistica e coscienza è uno dei temi più affascinanti e più scivolosi del dibattito scientifico contemporaneo. Chi entra in questo territorio dovrebbe farlo con prudenza. Le idee sono molte. Le prove, pochissime.

Negli anni Novanta il fisico Roger Penrose, lavorando tra Oxford e Cambridge, propone una teoria audace. La coscienza, secondo lui, nasce da processi quantistici nel cervello. Processi che coinvolgerebbero i microtubuli, minuscole strutture cilindriche presenti nei neuroni. Il modello, sviluppato insieme all'anestesista Stuart Hameroff dell'Università dell'Arizona, si chiama *Orch-OR*. È una delle ipotesi più discusse degli ultimi decenni.

I critici però non mancano. Uno dei più decisi è il fisico svedese Max Tegmark. In un articolo del 2000 calcola il tempo di decoerenza dei microtubuli. Arriva alla conclusione che l'ambiente cerebrale è troppo caldo e troppo rumoroso per mantenere coerenze quantistiche significative. In altre parole, secondo Tegmark, il cervello funzionerebbe troppo "velocemente" e troppo "caoticamente" per sostenere effetti quantici utili alla coscienza. La polemica riempie conferenze e seminari. L'argomento resta aperto, ma nessuna delle due parti può rivendicare una vittoria.

Ad oggi, la quantistica non risponde alla domanda che il filosofo David Chalmers chiama "*hard problem*". Non spiega come l'attività elettrica del cervello generi i "*qualia*", cioè il sapore del caffè, la sensazione suscitata dal colore di un tramonto, o la nostalgia di un ricordo.

Chiarezza sui punti non riduzionistici.

Eppure, la fisica quantistica offre qualcosa di prezioso. Due intuizioni che, pur senza risolvere il problema, aprono prospettive interessanti.

Il primo contributo è concettuale. La quantistica mostra che l'universo non è composto da oggetti isolati. Le sue parti si definiscono attraverso relazioni, informazioni, scambi. È una realtà dinamica e interconnessa. Anche solo questa idea suggerisce che il riduzionismo estremo — l'idea che tutto possa essere spiegato attraverso singoli pezzi indipendenti — non funziona più.

Il secondo contributo riguarda il ruolo dell'osservazione. E quindi dell'informazione. In alcuni esperimenti, come il celebre interferometro di Mach-Zehnder o il "*ritardo nella scelta*" di John Wheeler, l'atto di misurare modifica il risultato. L'osservazione non è un dettaglio marginale. Entra nel processo fisico. Non implica che la coscienza provochi il fenomeno. Ma indica che chi osserva, come osserva e quando osserva, fa parte del quadro.

Questo legame tra informazione e realtà non basta per dire che la mente è un fenomeno quantistico. Ma suggerisce un'analogia fertile. Stimola l'immaginazione scientifica. Anton Zeilinger, premio Nobel nel 2022, lo ripete spesso durante le sue conferenze a Vienna, dove dirigeva il gruppo di ottica quantistica dell'Università. "*La quantistica non parla di coscienza. Ma ci ricorda che la realtà è più sottile della nostra intuizione*". È una frase che ha il tono di un ammonimento. Un invito a mantenere la curiosità, senza cadere in fantasie pseudoscientifiche.

La cultura contemporanea non ha ignorato questo tema. Registi come Christopher Nolan, in film come *Interstellar*, hanno giocato con il rapporto tra informazione, osservatore e realtà. Scrittori come Philip K. Dick, già negli anni Settanta, esploravano mondi in cui la percezione crea la trama stessa dell'universo. Parallelismi suggestivi, ma che non devono confondere. L'arte è libera. La scienza no.

E allora cosa può dirci davvero la fisica quantistica sulla coscienza? Può dirci che l'universo è più complesso di quanto pensiamo, che i fatti non sono sempre separati, che l'informazione conta, che il ruolo dell'osservatore è meno banale del previsto.

E cosa non può dirci? Non può dirci perché esista l'esperienza interiore. Non può provare in laboratorio che la mente sia un fenomeno quantistico. Non può sostituire un modello neuroscientifico. Non può spiegare il "perché" ultimo dell'essere consapevoli.

Ed è proprio qui che nasce uno spazio interessante. Non una teoria. Non una prova. Ma un varco concettuale. Un invito a pensare la realtà come un sistema integrato, dove la mente non è necessariamente un prodotto accidentale della materia. Dove nuove idee possono emergere. Dove la ricerca può ancora sorprendere.

Il compito della fisica, oggi, è chiarire i confini. Il compito della filosofia — e forse anche della scienza del futuro — sarà esplorare ciò che resta oltre.

V°. Il principio antropico.

Esiste un interrogativo che ritorna ogni volta che guardiamo al cosmo con occhi scientifici. Perché l'universo sembra possedere proprio quelle condizioni che rendono possibile la vita? È una domanda che affiora nei libri di cosmologia, nelle conferenze pubbliche, persino nei romanzi di fantascienza.

Negli anni Settanta il fisico Brandon Carter introduce un concetto destinato a far discutere. Lo chiama "principio antropico". Non vuole proporre un'idea mistica. Vuole solo ricordare che il nostro punto di vista è inevitabilmente influenzato dal fatto che siamo qui, ad osservare. Ma la formula si rivela esplosiva. Nei decenni successivi diventa un incrocio tra fisica, filosofia e speculazione.

Il principio antropico, nelle sue varie forme, cerca di spiegare perché l'universo sia così ben calibrato. Perché la gravità abbia la forza giusta. Perché la materia non sia collassata subito. Perché le stelle possano vivere miliardi di anni, dando tempo alla complessità di emergere.

Questo capitolo esplora le sue diverse versioni. Le critiche. Le interpretazioni filosofiche. E il legame, sempre più frequente nel dibattito contemporaneo, con l'idea di una coscienza integrata nel cosmo.

Non per sostenere tesi definitive. Ma per capire perché questa domanda continua a tornare. E perché, da Copenaghen a Stanford, da Cambridge a Tokyo, molti scienziati sentano che la storia dell'universo e quella della coscienza potrebbero essere meno separate di quanto pensiamo.

La sorprendente precisione delle costanti cosmiche.

L'universo sembra semplice. Stelle, galassie, pianeti. Un cielo che appare tranquillo, quasi geometrico. Eppure, dietro questa apparente normalità si nasconde una matematica vertiginosa. Il cosmo è governato da poche costanti fondamentali. Numeri minuscoli o enormi. Numeri che non cambiano. Numeri che determinano tutto.

La costante gravitazionale. La carica dell'elettrone. La massa dei quark up e down. L'intensità della forza nucleare forte. La costante cosmologica che regola l'espansione dello spazio. Non sono parametri liberi. Hanno valori specifici. E soprattutto hanno valori che, se cambiassero anche solo di un'inezia, renderebbero l'universo irriconoscibile. In molti casi, sterile.

Fine tuning e implicazioni.

Stephen Hawking, durante una conferenza a Cambridge negli anni Ottanta, amava usare un'immagine molto concreta. "*È come trovarsi davanti a un pannello con centinaia di manopole, tutte calibrate con estrema precisione. Basta ruotarne una di un milionesimo, e l'universo non funziona più*". Era il suo modo di spiegare un concetto che oggi chiamiamo *fine tuning*.

I numeri confermano la metafora. Se la forza nucleare forte fosse solo leggermente più debole, i protoni non riuscirebbero a legarsi ai neutroni. Non esisterebbero nuclei atomici stabili. Se fosse anche di poco più forte, le stelle consumerebbero il loro combustibile in tempi rapidissimi. Un cosmo pieno di esplosioni, ma vuoto di pianeti abitabili.

Lo stesso vale per la costante cosmologica. Misurata con precisione negli anni Novanta grazie alle supernovae di tipo Ia, risulta incredibilmente piccola. Se fosse più grande, l'universo si espanderebbe così velocemente da impedire ogni condensazione di materia. Se fosse più piccola, lo spazio collasserebbe su se stesso prima ancora che si formino le prime stelle.

Una coincidenza, si dirà. Una delle tante. Ma alcune coincidono troppo bene.

Nel 1953 Fred Hoyle, al *Cavendish Laboratory* di Cambridge, si imbatte in un dettaglio sorprendente studiando il processo di fusione nucleare nelle stelle. Il carbonio, elemento essenziale per la vita, si forma grazie a uno specifico livello energetico. Un livello che sembra "preparato" per permettere al carbonio di esistere in grande quantità. Hoyle, ateo convinto e poco incline alle metafisiche, rimane spiazzato. Commenta che la situazione "*dà l'impressione che qualcuno abbia interferito*". Una frase che ancora oggi viene citata nelle conferenze di cosmologia.

Da allora il termine *fine tuning* entra nel dibattito scientifico. Non significa che l'universo sia stato progettato. Significa che l'universo appare calibrato. Bilanciato con una precisione che mette a disagio, perfino chi studia queste costanti da una vita.

A Princeton, negli anni Duemila, il fisico Paul Steinhardt raccontava ai suoi studenti un esempio ancora più radicale. La costante cosmologica è così piccola che, nella scala degli effetti possibili, la probabilità di ottenere quel valore per puro caso è "*più bassa di trovare un singolo granello di sabbia in tutto il Sahara*". Era il suo modo di ricordare che la fisica moderna, pur potente, si muove ancora tra misteri non risolti.

Il problema non è solo tecnico. È culturale. La precisione delle costanti cosmiche obbliga a porsi domande difficili. Perché proprio quei valori? Perché non altri? Esistono obblighi teorici che ancora non comprendiamo? Oppure l'universo è uno tra molti, e solo quelli con valori "giusti" possono ospitare osservatori come noi?

Il fine tuning non propone risposte definitive. Non indica un progetto. Non indica un caso. Indica un enigma. Un equilibrio che sembra fragile e al tempo stesso stabile da miliardi di anni.

E qui emerge la questione centrale. La precisione delle costanti cosmiche non è una prova di alcuna teoria sulla coscienza o sul significato dell'universo. Ma apre una finestra. Suggerisce che la realtà potrebbe non essere il risultato di parametri arbitrari. Potrebbe essere parte di una struttura più ampia. Più profonda. Forse ancora invisibile.

Il resto del capitolo proverà a esplorare le interpretazioni. Le cautele. E le implicazioni filosofiche che questo scenario inevitabilmente porta con sé.

Debole e forte: le due versioni del principio antropico.

Quando Brandon Carter presenta il principio antropico nel 1973, lo fa in un contesto rigoroso. il "*Congresso Internazionale di Astronomia*" a Cracovia. Una platea di ricercatori che si aspettano formule, grafici, previsioni. Non certo una frase destinata a creare un vortice di discussioni che durerà per decenni. E invece accade proprio questo.

Questa presentazione passa quasi inosservata. Le critiche esplodono quando, in tempi successivi, Carter distingue due formulazioni: quella presentata al Congresso, più prudente, detta "debole", l'altra, detta "forte", più audace.

INTERPRETAZIONI SCIENTIFICHE E FILOSOFICHE.

Il principio antropico debole è quasi una constatazione ovvia. Esistiamo, quindi l'universo deve avere proprietà compatibili con la nostra esistenza. Una tautologia, dicono i critici. Ma una tautologia utile. Ricorda che il nostro punto di osservazione non è neutrale. Viviamo in un universo che permette osservatori. Un universo diverso, magari con costanti fisiche leggermente modificate, sarebbe rimasto senza occhi che lo guardano. È un invito alla cautela epistemica. A non dimenticare che la nostra stessa presenza introduce un bias.

Il principio antropico forte è diverso. Qui Carter si spinge su un terreno più delicato. Afferma che l'universo *deve* avere caratteristiche tali da permettere l'emergere della vita. Non solo che noi osserviamo un universo compatibile con la nostra esistenza, ma che l'universo sembra fatto in modo da rendere possibile quella esistenza. Il salto logico è evidente. E apre all'interpretazione.

Negli anni successivi il dibattito si polarizza. Alcuni fisici leggono il principio antropico forte come una regola necessaria. Una condizione imposta dalle leggi della fisica. Altri lo interpretano in modo più radicale. Come se la vita fosse una finalità, una direzione implicita dell'universo. È qui che la cosmologia diventa filosofia. E, come osserva il fisico russo Andrei Linde in una conferenza all'Università di Stanford negli anni Novanta, "*queste idee attirano persone di ogni credo, dagli astrofisici ai mistici*". Linde sorride mentre lo dice, ma la battuta racchiude un fondo di verità. L'ambiguità del principio antropico forte lo rende affascinante e pericoloso allo stesso tempo.

Nella pratica scientifica il principio antropico è usato con parsimonia. Serve come strumento pragmatico. Aiuta a spiegare perché tra le molte configurazioni teoriche possibili noi ci troviamo proprio in questa. Perché le costanti fisiche hanno valori così precisi. Perché l'universo sembra "ospitale". Ma è un terreno scivoloso. La linea tra una spiegazione cosmologica e un'interpretazione metafisica è sottile. A volte impercettibile.

Non mancano esempi di quanto il confine sia labile. Durante gli anni Ottanta, in un seminario a Princeton, un giovane ricercatore chiede al collega: "*Stiamo ancora facendo fisica, o stiamo scivolando nella teologia naturale?*" La risata generale scioglie il momento, ma la domanda resta sospesa. È una domanda che torna spesso nei corridoi dei dipartimenti di cosmologia.

Il fascino del principio antropico è proprio questo. Costringe a confrontarsi con i limiti della scienza. Con le domande ultime che ogni cultura, da sempre, si pone. Perché siamo qui? Perché l'universo è così? Esistono inevitabilità profonde? Oppure la nostra presenza è solo una delle tante possibilità?

Di fronte a questi interrogativi, l'atteggiamento più prudente rimane quello suggerito da Carter nella sua relazione originaria. Considerare il principio antropico come uno strumento. Un modo per mettere ordine nelle possibilità teoriche. Non una chiave metafisica. Non una prova. Non una risposta definitiva.

E tuttavia, proprio perché non risolve, il principio antropico continua a stimolare. Spinge a riflettere. A interrogare la natura del cosmo. A esplorare la sottile zona grigia in cui la scienza incontra la filosofia.

Una zona dove, spesso, iniziano le idee più audaci. E dove la cosmologia, anche oggi, trova il suo spazio di maggiore libertà..

L'universo come luogo della coscienza.

L'idea che l'universo favorisca la coscienza non nasce nei laboratori moderni. Ha radici profonde. Nel IV secolo a.C. Aristotele parla di una natura che tende alla forma. Ogni cosa sembra spinta verso la realizzazione delle proprie potenzialità. Molti secoli dopo, nel Seicento, Leibniz immagina un *cosmos* ordinato da una razionalità intrinseca. Un universo che non è caos, ma armonia matematica. La "*migliore delle realtà possibili*", secondo la sua celebre formulazione.

Queste intuizioni restano nella filosofia per secoli. Poi, nel Novecento, vengono riprese da alcuni fisici che vedono nella struttura dell'universo non solo una macchina, ma un sistema che dialoga con gli osservatori. Tra loro c'è John Wheeler. Insegna a Princeton. È tra i protagonisti della fisica teorica del Dopoguerra. Nel 1977, durante un seminario al "*Texas Symposium on Relativistic Astrophysics*", introduce una frase destinata a diventare celebre: "*L'universo non esiste senza osservatori*". La chiama "*teoria dell'universo partecipativo*".

Wheeler non sostiene che la mente umana crei la realtà. Ma che la realtà, nelle sue parti più profonde, richieda un atto di osservazione per manifestarsi. È un'interpretazione radicale dei risultati della meccanica quantistica. Una provocazione intellettuale. Per illustrarla, Wheeler disegna spesso un grande occhio sospeso nel cosmo. L'occhio osserva l'universo. L'universo produce l'occhio. Un circolo che ricorda certe parabole zen. Una metafora semplice, ma potente.

LO SCENARIO DELLA COSCIENZA COME FINALITÀ.

In questa visione il ruolo della coscienza non è un'aggiunta tardiva nella storia cosmica. È un elemento interno alla dinamica dell'universo. Non un obiettivo, forse, ma un possibile esito della sua struttura.

Qui il discorso si intreccia con il principio antropico. Se la coscienza può emergere solo in un ambiente estremamente calibrato, allora il suo apparire non è casuale. È una conseguenza naturale di un universo che possiede determinate proprietà fisiche, chimiche e termodinamiche. Alcuni filosofi della scienza parlano di "contesto favorevole". Altri preferiscono il termine "orizzonte di possibilità".

Nel panorama delle neuroscienze questa prospettiva trova nuove articolazioni. Christof Koch, lavorando al "*California Institute of Technology*" negli anni Novanta, avanza l'idea che la coscienza sia un fenomeno diffuso. Una proprietà che non si limita ai sistemi nervosi complessi. Forse un tratto comune di molte forme di organizzazione della materia. Giulio Tononi, all'Università del Wisconsin, propone la *Teoria dell'Integrazione dell'Informazione.* Secondo lui la coscienza nasce dal grado di connessione interna di un sistema. Non conta solo la quantità di materia. Conta il modo in cui le parti dialogano tra loro.

Se si accolgono queste prospettive, la comparsa della coscienza appare meno straordinaria. Non un incidente biologico. Ma un passaggio evolutivo possibile. Forse inevitabile, in un universo che genera complessità su scale sempre maggiori.

Questa interpretazione non richiede finalismi forti. Non obbliga a immaginare uno scopo cosmico. Ma suggerisce che l'universo, nelle sue leggi e nelle sue simmetrie, sia "amico della coscienza". Permetta alla coscienza di emergere. E addirittura di interrogare l'universo stesso. Una specie di dialogo continuo tra la realtà e gli esseri che la abitano.

Nel 2004, durante una conferenza a Yale, il filosofo Thomas Nagel osserva che “*la mente sembra troppo centrale per essere solo un sottoprodotto marginale dell’evoluzione*”. Nagel non propone teorie alternative. Ma invita a non sottovalutare il fatto che la coscienza resti uno dei fenomeni più misteriosi del cosmo.

Oggi questa discussione attraversa i dipartimenti di fisica, le cattedre di filosofia, i centri di ricerca sulla mente. Non dà risposte definitive. Ma apre scenari. Immagina un universo in cui la coscienza non è un accidente. È una possibilità inscritta nelle sue regole. Un’ipotesi che continua a stimolare. E che, senza scivolare nella metafisica, invita a guardare il cosmo con occhi nuovi. Un cosmo che forse non solo permette la coscienza, ma la prevede.

Multiverso, caso, necessità.

Il principio antropico, fin dalla sua formulazione, divide la comunità scientifica. Le critiche arrivano da più fronti. Da fisici che lo considerano un espediente metodologico fragile. Da filosofi che temono un ritorno mascherato al finalismo. Il dibattito nasce già negli anni Settanta e prosegue ancora oggi, spesso con toni accesi.

La contestazione più nota riguarda il multiverso. Se esistono molti universi, ognuno con leggi e costanti differenti, allora non c'è nulla da spiegare. La vita compare semplicemente nell'universo che possiede i parametri giusti. Una forma di "selezione naturale cosmica". L'idea prende forza tra gli anni Ottanta e Novanta, quando la teoria delle stringhe introduce il concetto di "*landscape*", un paesaggio matematico sterminato. Leonard Susskind, in una conferenza a Stanford nel 2003, lo descrive così: "*Un catalogo quasi infinito di universi possibili*".

Andrei Linde, padre dell'inflazione caotica, parla addirittura di "*universi a grappolo*", bolle che si espandono senza sosta in uno sfondo più grande.

Queste immagini affascinano. Riempiono articoli di riviste scientifiche. Alimentano discussioni nei corridoi del CERN. Ma generano anche resistenze. George Ellis, cosmologo sudafricano, ammonisce spesso che il multiverso rischia di essere "*non falsificabile*".

Un concetto scientifico non falsificabile è un'idea, teoria o affermazione che non può essere messa alla prova attraverso osservazioni o esperimenti in grado di dimostrarne l'eventuale falsità. In altre parole, non esiste un modo concreto e verificabile per dimostrare che tale concetto sia sbagliato. La falsificabilità è considerata un criterio fondamentale della scienza moderna, soprattutto grazie al filosofo Karl Popper. Secondo Popper, una teoria scientifica deve poter essere "messa a rischio": deve cioè fare previsioni precise che, se non si avverano, la rendano chiaramente falsa.

Quando un concetto non è falsificabile, esso non può essere testato con metodi scientifici, non può essere confutato da nuove prove, rimane valido indipendentemente da qualunque possibile osservazione.

Un esempio tipico è un'affermazione formulata in modo tale da evitare qualunque possibile smentita, come: "Esiste una forza invisibile che controlla tutto, ma è impossibile rilevarla in qualunque modo". Questa frase non può essere né confermata né smentita con osservazioni o esperimenti. In conclusione, un concetto non falsificabile non appartiene al dominio della scienza, perché non permette il confronto con la realtà. Può avere valore in altri campi – filosofico, religioso, simbolico – ma non può essere valutato con il metodo scientifico.

In un seminario all'Università di Cape Town, nel 2011, George Ellis afferma: "*Se non possiamo osservare gli altri universi, allora stiamo facendo metafisica, non scienza*". È una critica pungente. E molti concordano.

Un'altra obiezione arriva da chi parla di necessità logica. Una necessità logica è una verità che non può essere altrimenti, perché deriva direttamente dalle regole della logica. È una proposizione che risulta vera in ogni situazione possibile, indipendentemente dall'esperienza o dai fatti del mondo.

Per esempio, affermazioni come "un quadrato ha quattro lati" o "se tutti gli uomini sono mortali e Socrate è un uomo, allora Socrate è mortale" sono necessità logiche: la loro verità dipende solo dalla struttura del ragionamento o dalle definizioni dei concetti coinvolti. In sintesi, una necessità logica è una verità garantita dalla logica stessa, non dai fatti empirici.

Secondo questa posizione, le costanti fisiche non potrebbero essere diverse. Sono ciò che sono perché derivano da una struttura matematica profonda. Una geometria fondamentale.

Questa idea che risale, in forme diverse, a pensatori come Max Tegmark, che propone l'ipotesi dell'universo matematico. Una realtà che non nasce da un fine, ma da una necessità intrinseca. Se l'universo deve esistere, allora deve possedere determinate simmetrie. E quelle simmetrie determinano i valori delle costanti.

Poi c'è la spiegazione più semplice. Il caso. Alcuni fisici, come Steven Weinberg in certi passaggi dei suoi scritti, ammettono che l'universo potrebbe essere frutto di un colpo di fortuna. Un risultato improbabile, certo. Ma non impossibile. Una lotteria cosmica vinta per pura combinazione. È un'ipotesi che non piace quasi a nessuno. Non perché sia sbagliata, ma perché non dice molto. Non offre un meccanismo. Non permette previsioni. Lascia tutto sospeso.

In questo mosaico di posizioni, le critiche al principio antropico mostrano più che altro la difficoltà del problema. La domanda su perché l'universo sia così, invece che in un altro modo, tocca i confini della scienza. E ogni risposta rischia di scivolare nella filosofia.

Nel 2015, durante una conferenza a Oxford dedicata alla cosmologia fondazionale, un giovane ricercatore riassume la situazione con una battuta che strappa un sorriso: "Il principio antropico è come uno specchio. Ognuno ci vede ciò che vuole".

La frase, per quanto leggera, fotografa un punto centrale. Le interpretazioni cambiano con la prospettiva. E nessuna chiude davvero la questione.

Multiverso, necessità o caso. Ognuna di queste visioni porta con sé un pezzo di verità e un pezzo di incertezza. Il dibattito resta aperto. E proprio la sua irrisolutezza continua a spingere fisici e filosofi a interrogarsi sulle radici stesse del reale. Una ricerca che, ancora oggi, non ha perso nulla del suo fascino.

Collegamento tra principio antropico e campo di coscienza.

Quando si uniscono principio antropico e coscienza, il confine tra scienza e filosofia diventa sottile. Ma alcune connessioni sono troppo significative per essere ignorate.

Non si tratta di arrivare a conclusioni definitive. Si tratta di osservare le tendenze. E capire quali scenari si stanno aprendo nella ricerca contemporanea.

Se l'universo permette l'esistenza di sistemi complessi, e se la coscienza nasce proprio da quella complessità, allora la coscienza non appare come un evento accessorio. È un risultato naturale di una lunga catena cosmica. Una catena che parte dalle prime fluttuazioni quantistiche, attraversa l'aggregazione di materia nelle galassie e arriva alla comparsa di sistemi nervosi sempre più sofisticati.

La coscienza come elemento integrato nel cosmo.

Negli ultimi decenni cresce l'interesse per modelli che collocano la coscienza in una dimensione fondamentale della realtà. Alcuni fisici parlano di "proto-informazione". Altri evocano strutture più sottili, campi immateriali che non appartengono alla fisica attuale. Durante una conferenza al *Perimeter Institute*, nel 2018, il fisico Matthew Fisher ricordò che "*forse la coscienza non è solo un prodotto della materia, ma una proprietà intrecciata alla trama dell'universo*". Era un'affermazione cauta. Ma il pubblico rimase colpito dal fatto che venisse da un fisico teorico, non da uno psicologo o da un filosofo.

Questa tendenza non nasce dal nulla. Nasce dalla difficoltà crescente di ignorare la coscienza nelle cosmologie moderne. Sempre più studiosi ritengono che una descrizione completa dell'universo non possa evitare la domanda su cosa sia la consapevolezza. Non basta elencare particelle e forze. Occorre spiegare come l'universo produca soggettività.

Il principio antropico offre un contesto utile per collegare cosmologia e coscienza. Non perché stabilisca un fine, ma perché mostra che l'universo non è ostile alla complessità. Al contrario: la favorisce, la ospita, la fa crescere. In questo senso la coscienza appare come una possibilità interna alla struttura del cosmo.

Da qui nasce un'ipotesi interessante: la coscienza non è una funzione biologica confinata al cervello. Forse è un modo in cui l'universo organizza informazione ad alto livello. Un'estensione dei campi fondamentali che descrivono la fisica. Una qualità emergente, ma radicata nel tessuto stesso della realtà.

Nel 2020, durante un simposio a Tokyo dedicato ai fondamenti della mente, Yukiko Ogawa, filosofa e ricercatrice in scienze dei materiali sintetizzò così questa prospettiva: "*La coscienza è ciò che accade quando l'universo si osserva dall'interno*". Una frase semplice. Ma capace di aprire molte possibilità interpretative.

In questo quadro, l'idea di un campo di coscienza acquista una posizione più chiara. Non come entità separata, sospesa sopra la materia. Ma come un'estensione naturale del grande campo cosmico che sostiene ogni fenomeno fisico. Una forma elevata di organizzazione. Una modalità con cui la realtà integra e rielabora informazione.

Il collegamento non è una dimostrazione. È un ponte concettuale. Ma un ponte che oggi molti iniziano ad attraversare. Si moltiplicano i convegni interdisciplinari. Crescono le collaborazioni tra neuroscienziati, fisici, filosofi, informatici. Tutti impegnati a capire come inserire l'esperienza soggettiva in una mappa complessiva dell'universo.

Questo paragrafo non chiude la questione. La apre. Ricorda che la storia dell'universo e la storia della consapevolezza non sono due narrazioni separate, sono due fili della stessa trama cosmica e che forse, per comprenderla davvero la coscienza, occorre guardarla non solo come un fenomeno biologico ma come un elemento integrato nel grande disegno del reale.

VI°. Il sogno della unificazione.

Da oltre tre secoli la cultura occidentale vive un paradosso. Da una parte la scienza ha costruito un'immagine sempre più precisa del mondo materiale. Dall'altra la nostra esperienza interiore continua a sfuggire a ogni definizione. I pensieri, le emozioni, le intenzioni, dove si collocano? Che cosa sono, esattamente?

La domanda attraversa laboratori, dipartimenti di filosofia, istituti di neuroscienze. È un filo che lega Parigi e Boston, Kyoto e Zurigo. Ogni volta che crediamo di afferrare una risposta, si apre una nuova prospettiva.

Questo capitolo racconta il lungo tentativo di unificazione tra psiche e materia. Un tentativo che cambia forma nel tempo. Prende avvio con il dualismo cartesiano. Passa attraverso grandi scoperte neuroscientifiche del Novecento. Arriva fino alle teorie contemporanee, che provano a colmare il divario tra mondo mentale e mondo fisico.

Non è un percorso lineare. È una narrazione complessa, fatta di rotture e intuizioni. Di speranze e revisioni. Ma resta, sotto ogni punto di vista, uno dei sogni più ambiziosi della cultura moderna: comprendere come la coscienza si intreccia con il tessuto della realtà.

Cartesio e il dualismo.

La separazione tra mente e corpo, come oggi la intendiamo, prende forma nell'inverno del 1641. René Descartes, rifugiato nei Paesi Bassi per evitare gli scontri religiosi che attraversano l'Europa, pubblica le sue "*Meditationes de Prima Philosophia, in qua Dei existentia et animae immortalitas demonstratur*". È un'opera destinata a cambiare il paesaggio intellettuale dell'Occidente. Cartesio afferma che esistono due sostanze distinte. La *res cogitans*, immateriale, capace di pensare. E la *res extensa*, materiale, sottoposta alle leggi geometriche e meccaniche.

Questa distinzione non nasce in astratto. È una mossa strategica. Cartesio vuole liberare la nuova scienza dalle ombre dell'eresia. Dopo la condanna di Galileo del 1633, il confine tra teologia e indagine naturale è diventato minato. Separando l'anima dal corpo, Cartesio offre alla fisica un terreno sicuro. Il mondo materiale può essere studiato come un meccanismo complesso. "Come un orologio", direbbe lui stesso nella "*Descrizione del corpo umano*". Un insieme di leve, pressioni, fluidi. Tutto misurabile. Tutto controllabile.

Ma questa manovra, utile alla scienza nascente, introduce una frattura. Una spaccatura destinata a durare secoli. Se mente e corpo sono due sostanze diverse, come fanno a interagire? Cartesio individua nella ghiandola pineale il punto di contatto. Una scelta curiosa. Forse influenzata dalle anatomie dell'epoca e dalle discussioni nei salotti parigini frequentati da intellettuali come la principessa Elisabetta di Boemia. Fu proprio lei, in una lettera del 1643, a mettere Cartesio in difficoltà. Gli chiese come qualcosa di immateriale potesse muovere qualcosa di materiale.

Cartesio non trovò mai una risposta soddisfacente. Il problema divenne famoso come "*problema dell'interazione*".

Nel Settecento il dualismo viene messo in discussione. David Hume ironizza sul concetto di sostanza mentale. I filosofi dell'Illuminismo guardano con sospetto a ogni riferimento all'anima. Eppure, la separazione resta. Si insinua nei manuali, nelle accademie, nella cultura europea. Persino Kant, nel 1781, nella "*Critica della ragion pura*", pur criticando molti aspetti del cartesianesimo, conserva una distinzione di fondo tra *fenomeno* e *noumeno*. La mente resta un territorio opaco alla fisica. Qualcosa che sfugge alle leggi naturali.

Nel XIX secolo la situazione non cambia molto. Mentre la fisiologia compie enormi progressi – basti pensare a Müller, Helmholtz, Broca – la coscienza rimane un enigma. Lo studio sperimentale del cervello cresce. Ma la frattura tra materia e psiche rimane intatta. La scienza indaga i processi nervosi. La filosofia si occupa della soggettività. È un tacito accordo culturale. Una divisione dei compiti che sembra funzionale, ma che in realtà rende impossibile affrontare il problema della coscienza in modo unitario.

Questa linea netta sopravvive fino al Novecento. Riemerge nelle correnti comportamentiste. Appare nei dibattiti dell'Università di Vienna. Ritorna perfino nei primi tentativi di fondare una scienza cognitiva. La modernità eredita il dualismo cartesiano senza accorgersene. Lo assume come un presupposto. Come un riflesso automatico.

Eppure, tutto nasce da una ipotesi del XVII secolo. Un a ipotesi proposta da un uomo solo, in un'Europa attraversata da guerre religiose, nel tentativo di proteggere la scienza nascente. Un gesto efficace, ma anche rischioso. Perché la separazione tra psiche e materia, pur avendo favorito lo sviluppo della fisica moderna, ha lasciato un'ombra lunga. Un'eredità che ancora oggi cerchiamo di superare.

Il tentativo di Carl Gustav Jung e Wolfgang Pauli

Carl Gustav Jung e Wolfgang Pauli cercarono per decenni una chiave per unificare psiche e materia. Questa ambizione non nacque da un impulso esoterico, ma da una tensione intellettuale che entrambi sentirono come urgente. Jung esplorò l'inconscio e i suoi simboli. Pauli studiò la struttura atomica e le simmetrie fondamentali. I due uomini si incontrarono a Zurigo nel 1932. Questo incontro aprì un dialogo che, ancora oggi, appare sorprendentemente moderno.

Pauli era un fisico di fama. Nel 1945 ricevette il Premio Nobel grazie al principio di esclusione. Pauli era anche un uomo sensibile e inquieto, che viveva un periodo difficile e perciò cercò l'aiuto di Jung come paziente. Jung ascoltò i sogni di Pauli e rimase stupito dalla loro ricchezza simbolica. Jung vide in Pauli un uomo capace di osservare la propria interiorità con la stessa precisione che usava in laboratorio. Pauli vide in Jung uno psicologo disposto a prendere sul serio i fenomeni psichici, senza ridurli a effetti secondari di processi biologici.

Il dialogo crebbe rapidamente. Pauli inviò a Jung centinaia di pagine di lettere. Jung rispose con la stessa intensità. Questa corrispondenza creò un territorio comune. Un territorio in cui il linguaggio della fisica e il linguaggio della psicologia poterono interagire.

Jung cercò un principio capace di descrivere come la mente e la materia possano condividere strutture comuni. Jung parlò di "sincronicità". Egli definì la sincronicità come un principio in cui un evento psichico e un evento fisico appaiono legati da un significato, non da una causa. Il famoso aneddoto del "coleottero di Jung" illustra questa idea. Jung stava ascoltando una paziente che descriveva un sogno con uno scarabeo d'oro. In quel momento un coleottero molto simile colpì la finestra dello studio. Jung interpretò l'episodio come una coincidenza significativa. Pauli fu affascinato dal fenomeno, anche se mantenne sempre un rigore critico.

Pauli non considerò mai la sincronicità una spiegazione definitiva; la considerò un indizio. Ipotizzò che psiche e materia possano emergere da uno "sfondo neutro". Uno sfondo in cui le simmetrie della fisica e gli archetipi della psicologia condividono una logica comune. Pauli parlò di "ordine implicito", richiamando la filosofia di Platone. Jung fece riferimento all'alchimia e a tradizioni simboliche antiche. I due studiosi erano convinti che il pensiero moderno avesse separato in modo eccessivo l'osservatore dal mondo osservato.

Nel 1952 Jung e Pauli pubblicarono insieme un volume. Il titolo era "Interpretazione e natura della psiche". Il libro riuniva un saggio di Jung e un saggio di Pauli. Il libro non offriva una teoria compiuta ma offriva una mappa delle possibilità: suggeriva che la scienza futura avrebbe potuto superare la frattura tra mente e materia.

Pauli disse una frase rimasta famosa: "*La scienza non è mai del tutto separata dall'uomo che la osserva*". Jung rispose con un'idea complementare: "*La psiche non è un fenomeno privato. È parte della realt*à".

L'ambizione di Jung e Pauli non portò a una unificazione definitiva. Questa ambizione aprì però una domanda che oggi ritroviamo in molti campi. La ritroviamo nella fisica dei sistemi complessi. La ritroviamo nelle neuroscienze. La ritroviamo nella filosofia della mente. La ritroviamo nell'idea che la coscienza e la materia possano essere due manifestazioni di uno stesso processo. Jung e Pauli non volevano fondere scienza e misticismo, volevano comprendere la realtà in modo più completo. La loro ricerca rimane un esempio raro di dialogo tra discipline. Un esempio che ricorda come le grandi domande nascano spesso dall'incontro tra persone capaci di guardare oltre i confini del proprio campo.

Le neuroscienze del XX secolo.

Il Novecento spezza l'incantesimo cartesiano. La mente non è più un regno separato dalla materia. Entra nei laboratori, tra oscilloscopi, microscopi elettronici e camere schermate. È l'inizio delle neuroscienze moderne. Un percorso che ridefinisce il rapporto tra psiche e cervello.

Negli anni Cinquanta la chimica neuronale diventa protagonista. A Boston, nelle stanze della "*Harvard Medical School*", Julius Axelrod scopre i meccanismi di ricaptazione della noradrenalina. È il 1957. Un anno dopo Arvid Carlsson dimostra che la dopamina non è solo un precursore biologico, ma un neurotrasmettitore vero e proprio. Nel 2000, i tre riceveranno il Nobel per queste scoperte. Una volta compresa la chimica delle sinapsi, molte funzioni mentali iniziano a sembrare meno misteriose. L'umore. La motivazione. La memoria. Tutto appare collegato alla danza delle molecole.

COSA SAPPIAMO DEL CERVELLO.

Poco distante, a Londra, Bernard Katz osserva la liberazione quantica dell'acetilcolina. È un'epifania scientifica. Le sinapsi non rilasciano neurotrasmettitori in modo continuo. Lo fanno a piccoli pacchetti. Come impulsi discreti. Il cervello è governato da una logica granulare, quasi digitale, ben prima che il digitale diventasse un concetto comune.

Intanto, a Cambridge, Alan Hodgkin e Andrew Huxley affrontano un enigma di base: come nasce un segnale nervoso?

Usano l'assone gigante del calamaro, un animale pescato nelle acque fredde del Devon, che fornisce un cavo neuronale largo quanto una matita. Nel 1963 arriva il Nobel. I due dimostrano che il potenziale d'azione è un meccanismo elettrico regolato con precisione millivolt per millivolt. La mente prende la forma di un circuito bioelettrico.

Negli stessi anni, dall'altra parte dell'Atlantico, un caso clinico scuote la comunità scientifica. Henry Molaison, un uomo di Hartford, Connecticut, soffre di crisi epilettiche devastanti. Nel 1953 viene operato dal neurochirurgo William Scoville. Il chirurgo rimuove l'ippocampo per fermare la malattia. L'operazione funziona, ma il prezzo è inimmaginabile. Henry non riesce più a formare nuovi ricordi. La memoria episodica è cancellata. Entra in scena Brenda Milner, dalla McGill University di Montréal. Studia Henry per decenni. Nel suo taccuino annota: "*L'uomo che vive in un presente eterno*".

Il caso di H.M. diventa un'icona. Prova che la memoria non è diffusa in tutto il cervello, come molti credevano. Ha un luogo, un'architettura. Grazie a lui nasce la neuropsicologia moderna.

Il Novecento costruisce una mappa funzionale della mente. L'amigdala è il fulcro delle emozioni intense. L'ippocampo custodisce i ricordi autobiografici. Le aree di Broca e Wernicke regolano la grammatica e la comprensione linguistica. Il cervello si trasforma in una città. Ogni quartiere ha un ruolo. Ogni strada porta a una funzione.

L'idea conquista la cultura dell'epoca. Negli anni Ottanta, riviste come *Scientific American* o *Le Scienze* dedicano numeri speciali alla "geografia della mente". Le illustrazioni mostrano cervelli colorati, con zone evidenziate come se fossero distretti amministrativi. È il grande sogno della "localizzazione". Una mappa che rassicura. Basta trovare il luogo giusto e il mistero della mente si dissolverà.

Ma il mistero resiste. Nel 1974 Thomas Nagel pubblica un articolo destinato a diventare leggendario: "*What is it like to be a bat?*" (Che cosa si prova a esser un pipistrello?) L'articolo chiede come sia possibile descrivere l'esperienza soggettiva con le leggi della biologia. La scienza sa come funzionano i neuroni. Ma non sa spiegare cosa significhi percepire un colore. O provare nostalgia. O essere un "sé."

Le neuroscienze del Novecento svelano la meccanica del cervello. Illuminano la struttura. Decodificano i segnali. Eppure, la coscienza resta elusiva. Si nasconde tra le sinapsi. Sfugge alle formule. È come se le spiegazioni non bastassero. Manca un ponte. Una teoria che unisca la materia e l'esperienza.

Un secolo di scoperte straordinarie non basta a svelare il segreto ultimo. Il cervello è noto come organo. Ma la coscienza, ancora oggi, resta un enigma. Un territorio sospeso tra scienza e filosofia. Dove la biologia spiega molto, ma non tutto.

Le neuroscienze del XXI secolo.

All'inizio del nuovo secolo cambia la metafora del cervello. Non è più una macchina con parti separate e compiti distinti. È una rete viva. Un sistema che si riconfigura a ogni istante. La sua identità non è data dalle singole aree, ma dal modo in cui queste comunicano tra loro.

Nel 2005 inizia l'"*Human Connectome Project*". Un'impresa ambiziosa, guidata da Harvard, MIT e varie istituzioni americane. L'obiettivo è mappare tutte le connessioni del cervello umano. Una cartografia dei cento miliardi di neuroni e dei loro cento trilioni di collegamenti. Nei laboratori di Boston, giovani ricercatori lavorano giorno e notte davanti agli scanner fMRI di ultima generazione. Scoprono che la mente non si spiega con i singoli nodi, ma con la danza sincronizzata della rete.

Connettoma, plasticità, sincronizzazione.

Questa idea rivoluziona il modo di pensare il pensiero. Non conta solo la struttura. Conta il ritmo. La plasticità diventa il tema dominante. Non è più un privilegio dell'infanzia. Accompagna l'intera vita. Michael Merzenich, in California, lo dimostra con esperimenti che oggi sembrano quasi classici. Addestra scimmie e topi a distinguere suoni molto simili. Dopo settimane di esercizi, registra i cambiamenti corticali. Le mappe sensoriali si espandono o si contraggono a seconda dell'allenamento. È una prova potente: il cervello non è un organo fisso. È un tessuto che cambia con l'esperienza. Con la sofferenza. Con la meditazione.

Questo tema colpisce anche il grande pubblico. Nel 2007, normali lettori di riviste come *National Geographic* scoprono che taxi driver londinesi sviluppano un ippocampo più grande dopo anni di orientamento nella complessa geografia urbana. La città scolpisce il cervello. Letteralmente.

Nel frattempo, cresce l'interesse per la sincronizzazione neuronale. Un concetto che sembra tecnico, ma nasconde un'idea semplice: i neuroni "cantano" insieme. Se il ritmo è coerente, l'informazione scorre. Se è disordinato, la mente si spezza in frammenti.

In Germania, a Francoforte, Wolf Singer lavora per anni su questo fenomeno. Studia le oscillazioni gamma, rapide e misteriose. Le osserva nei momenti di attenzione focalizzata e nei compiti che richiedono integrazione percettiva. Propone un'ipotesi affascinante: la coscienza non nasce da una struttura, ma da un tempo condiviso. Una sintonia. Come se regioni lontane del cervello divenissero, per un istante, un unico strumento.

È una metafora potente. La mente come orchestra. Non un solista brillante. Non un insieme di strumenti isolati. Una sinfonia coordinata. Una musica che esiste solo perché cervelletto, corteccia prefrontale, talamo e lobi parietali si sincronizzano. Millisecondo dopo millisecondo.

Il XXI secolo porta anche tecniche nuove. L'fMRI ad alta risoluzione mostra dettagli mai visti. La stimolazione magnetica transcranica permette di "toccare" il cervello senza aprirlo. Le reti neurali artificiali fungono da modelli teorici. I laboratori di Google e DeepMind collaborano con neuroscienziati per capire come l'intelligenza artificiale può imitare – e in parte spiegare – l'intelligenza biologica.

Ogni tecnologia svela un frammento del mosaico. La distanza tra psiche e materia sembra ridursi. I lobi frontali vibrano come antenne. I neuroni si riorganizzano come stormi di uccelli. Le connessioni emergono come strade di una metropoli invisibile. La neuroscienza entra nell'era della complessità.

Eppure, la domanda fondamentale resta sospesa. La coscienza è solo il risultato di miliardi di neuroni che oscillano insieme? O è il segnale di qualcosa di più profondo? Qualcosa che la materia riflette, ma non esaurisce?

Il XXI secolo porta strumenti più sofisticati. Algoritmi più potenti. Mappe più accurate. Ma il mistero resta intatto. E forse, proprio per questo, più affascinante.

Filosofie della mente contemporanee.

Il dibattito filosofico contemporaneo sulla mente ha l'aspetto di una mappa stellare. Punti che sembrano lontani, ma che formano costellazioni riconoscibili. Non esiste più la grande teoria unica. Esiste invece una pluralità di direzioni. Ognuna cerca di spiegare la natura della coscienza senza ripetere il vecchio copione del dualismo cartesiano.

FISICALISMO, DUALISMO EMERGENTISTA, PANPSICHISMO.

La posizione più influente resta il fisicalismo. Nelle università anglosassoni – da Oxford a Stanford – questa teoria domina seminari e manuali. L'idea è chiara: tutto ciò che esiste è fisico. Anche i pensieri. I sentimenti. Le immaginazioni. Sono stati del cervello. Daniel Dennett, nel suo ufficio di *Tufts University*, ama provocare. Nel 2003 scrive che "*la coscienza è un insieme di trucchi del cervello*". Una frase che ha fatto discutere per mesi le riviste di filosofia della mente. Il punto è semplice. Per i fisicalisti il mentale non aggiunge nulla di nuovo. È un epifenomeno. Un riflesso della materia. I critici osservano che questa posizione sembra ignorare l'esperienza soggettiva. Quella zona misteriosa in cui ognuno di noi "sente" la propria presenza nel mondo.

Più complessa è la posizione del dualismo emergentista. Non propone due sostanze separate. Non ripete la divisione tra anima e corpo. Sostiene piuttosto che dalle reti neurali emerga qualcosa di nuovo. Una proprietà che non era prevedibile dalle componenti di partenza. Come la vita che emerge dalla chimica.

O come la coscienza collettiva che emerge da una folla in piazza Tahrir nel 2011.

Piazza Tahrir, 2011.

L'immagine della "coscienza collettiva" che emerge da una folla in piazza Tahrir nel 2011 descrive un fenomeno molto concreto. Il termine non indica una mente unica che pensa al posto delle persone. Il termine indica un processo psicologico e sociale che trasforma individui separati in un soggetto collettivo capace di agire in modo coordinato.

La piazza Tahrir, al Cairo, divenne nel gennaio 2011 uno spazio simbolico. Migliaia di persone arrivarono da quartieri diversi, da classi sociali diverse e da storie personali diverse. Ogni individuo aveva motivazioni proprie. Ogni individuo aveva esperienze differenti. Tuttavia, la folla sviluppò rapidamente un orientamento comune. Questo orientamento comune diede alla piazza una voce. Questa voce fu percepita come un "noi". La "coscienza collettiva" in questo caso significa tre cose.

La folla costruisce un senso condiviso di significato.

Ogni persona entra in piazza con le proprie ragioni, ma la folla elabora un messaggio più grande. In Tahrir questo messaggio fu "pane, libertà, giustizia sociale". Nessuno lo pianificò dall'alto. Il messaggio emerse dagli scambi, dai cartelli, dai canti e dalla presenza stessa del gruppo.

La folla sviluppa una percezione comune del rischio e del coraggio.

Un individuo può avere paura. Una folla può trasformare la paura in determinazione. In Tahrir molte persone dissero che sentirono "il coraggio degli altri entrare in me". Questa frase esprime il modo in cui un'emozione individuale diventa un'emozione collettiva.

La folla genera un'identità condivisa.

Persone sconosciute iniziarono a sentirsi parte di un unico corpo sociale. Questa identità non cancellò le differenze. Questa identità creò però un'esperienza unitaria. Le persone si percepirono come parte di un evento storico comune. La piazza divenne un soggetto.

Molti studiosi descrivono questo processo come una forma di "*mente sociale*". Gli psicologi della Gestalt parlerebbero di una "*forma emergente*". I sociologi ricorderebbero Émile Durkheim, che parlò di "effervescenza collettiva". Gli antropologi userebbero il concetto di "*campo rituale*", perché la piazza funzionò come uno spazio in cui l'energia sociale si concentrò.

Dire che in piazza Tahrir "*emerse una coscienza collettiva*" significa quindi riconoscere questo tipo di fenomeno. Significa riconoscere l'istante in cui una moltitudine di individui, pur restando individui, si comporta come un unico soggetto capace di produrre senso, coordinamento e decisioni condivise.

Non è magia. Non è misticismo. È una dinamica riconoscibile nelle rivoluzioni, nelle proteste, nei movimenti religiosi e persino nelle folle sportive. In Tahrir questa dinamica fu particolarmente forte, perché la piazza trasformò una popolazione frammentata in una forza unitaria che il mondo poté vedere e ascoltare.

La somma non è uguale alle parti

La somma non è uguale alle parti. David Chalmers, uno dei principali sostenitori del dualismo emergentista parla spesso di "*proprietà emergenti superiori*". Nel 2016, durante una conferenza a New York, afferma che "*la coscienza potrebbe essere come la gravità: una proprietà fondamentale che però diventa visibile solo oltre una certa soglia di complessità*".

Il panpsichismo.

Il panpsichismo è la sorpresa del XXI secolo. Una teoria che sembrava archiviata con gli idealisti tedeschi. E che invece ritorna nei dibattiti delle università britanniche e americane. Philip Goff, alla Durham University, sostiene che la coscienza sia una proprietà elementare della realtà. Non nei termini romantici di un'"*anima del mondo*" ma come una caratteristica di base, presente in forma rudimentale in ogni sistema fisico. Galen Strawson, più radicale, arriva a dire che negare la coscienza come proprietà fondamentale è "*metafisica da salotto*". Per entrambi il panpsichismo risolve un problema cruciale. Evita il salto impossibile: quello in cui la materia non cosciente diventa improvvisamente cosciente. La teoria non è esoterica. Piuttosto, tenta di rendere la coscienza un elemento dell'universo, allo stesso livello della massa o della carica elettrica.

Una dicotomia superata.

Accanto a queste tre correnti principali (fisicalismo, dualismo emergentista, panpsichismo) esistono posizioni ibride. Sono le più numerose. Le più creative. Alcune si muovono nel campo dell'informazione. Giulio Tononi, con la sua teoria dell'informazione integrata, suggerisce che la coscienza sia proporzionale alla capacità di un sistema di integrare informazione. Un'idea nata all'Università del Wisconsin, poi discussa al MIT e al Santa Fe Institute. Altre posizioni sono relazionali. Non cercano la coscienza in una parte del cervello, né la attribuiscono a ogni particella. La vedono invece emergere dalle interazioni. Dalle reti. Dalle relazioni tra elementi. È un approccio che richiama l'ecologia più che la metafisica. Un pensiero che piace agli studiosi di sistemi complessi.

Questo panorama variegato mostra un punto comune. La vecchia dicotomia mente-corpo non è più sufficiente. Troppi dati, troppe teorie, troppe intuizioni indicano che la psiche non può essere ridotta a una sola dimensione. La coscienza appare come un fenomeno sfuggente. A volte materiale. A volte emergente. A volte diffuso. Sempre più difficile da racchiudere in una definizione unica.

Il confronto continua. Tra aule universitarie, laboratori di neuroscienza, conferenze tra filosofi e fisici teorici. È il segno che il mistero della coscienza non si lascia addomesticare. Ma è anche il segno di qualcosa di nuovo. Un movimento verso una comprensione più ampia. Forse verso una concezione in cui la mente e la materia non si escludono, ma si completano, come parti di un'unica realtà ancora tutta da decifrare.

Oltre il riduzionismo.

Negli ultimi anni si afferma un nuovo modo di guardare alla mente. Non più come un'entità isolata. Non come un semplice prodotto del cervello. Ma come un fenomeno sistemico, un intreccio di corpo, ambiente e relazioni. È una svolta culturale e scientifica. Una correzione di rotta dopo decenni in cui l'attenzione era concentrata quasi esclusivamente sui neuroni.

Questa prospettiva ha radici profonde. Una delle figure più influenti è Gregory Bateson, antropologo, teorico dei sistemi, spirito nomade tra Bali, la California e il New England. Nel 1972, in "*Steps to an Ecology of Mind*", Bateson propone un'idea rivoluzionaria: la mente è una rete. Una rete che attraversa il cervello, ma non si esaurisce in esso. Include il corpo, il linguaggio, i simboli, la cultura. Include perfino l'ambiente. Celebre la sua frase: "*La mente è il pattern che connette*". Nel suo ufficio dell'Università di Santa Cruz spiegava agli studenti che non si può capire una danza separandola dal ritmo, dallo spazio, dall'atmosfera emotiva. Così è per la mente.

La mente come fenomeno sistemico e relazionale.

Nel XXI secolo molte discipline confermano questa direzione. Le scienze cognitive parlano di mente incarnata. Il pensiero non è un processo astratto. È radicato nei gesti, nei sensi, nella postura. A Barcellona, nei laboratori dell'"*Institut d'Investigacions Biomèdiques*", un gruppo di ricercatori mostra nel 2019 che la memoria spaziale cambia a seconda di come ci si muove in un ambiente. Una scoperta semplice, ma eloquente: per pensare serve il corpo.

La psicologia culturale aggiunge un livello ulteriore. Studia come la percezione cambi secondo la società in cui viviamo. Richard Nisbett e i suoi colleghi dell'Università del Michigan documentano negli anni Duemila una differenza sorprendente. In Giappone prevale una visione olistica, attenta ai contesti. Negli Stati Uniti una percezione più focalizzata sugli oggetti. Non per genetica, per cultura. La mente, dunque, si adatta al paesaggio sociale, proprio come le piante reagiscono alla luce.

La biologia evolutiva introduce un'altra sfumatura. Negli ultimi anni cresce l'idea che la cooperazione abbia plasmato il modo in cui pensiamo. Nel 2015, in un convegno a Vienna, l'antropologo evoluzionista Michael Tomasello riassume così la questione: "*L'essere umano non sopravvive da solo. Pensa insieme agli altri*". La mente non si sviluppa per la competizione, ma per la collaborazione. Per condividere intenzioni, piani, emozioni. È un'intelligenza dialogica, non solitaria.

Da questo mosaico emerge un'immagine nuova. La mente come proprietà emergente di un sistema complesso. Un sistema che coinvolge neuroni, ormoni, ricordi, ma anche strumenti, linguaggi, istituzioni, ambienti naturali. La neuroscienziata Anna Mikulincer lo ha definito, in una conferenza a Tel Aviv nel 2021, "*un ecosistema mentale*". Un ecosistema in cui ogni elemento influenza gli altri. In cui il confine tra interno ed esterno diventa poroso.

Questa visione supera il riduzionismo senza scivolare nel misticismo. Non parla di energie misteriose. Non costruisce teorie arcane. Semplicemente riconosce che la psiche è relazione. È processo. È un campo dinamico che si modifica nel tempo. Come una città che cresce, cambia e si reinventa.

Il sogno della unificazione tra psiche e materia, una volta confinato nelle speculazioni filosofiche, oggi si trasforma in un programma di ricerca concreto. Laboratori di robotica sociale, studi di psicologia ambientale, modelli di dinamica dei sistemi mostrano che la coscienza non è un'eccezione nel paesaggio naturale. È un fenomeno che emerge quando materia, informazione e relazione si intrecciano.

Comprendere la mente come fenomeno sistemico significa accettare una sfida. Non ridurla a un unico livello. Non rinchiuderla nel cervello. Ma riconoscerne la natura complessa. Una natura che unisce corpo e ambiente, biologia e cultura, individuo e collettività.

Ed è in questa complessità che forse si trova la chiave per ripensare la coscienza non come un enigma irrisolvibile, ma come parte integrante di un mondo in cui tutto è connesso. Come un campo dinamico che, per manifestarsi, ha bisogno non di un singolo elemento, ma dell'intero sistema della vita.

VII°. Il cervello come ricevitore.

Da più di un secolo alcuni studiosi sostengono un'idea audace. La coscienza non sarebbe prodotta dal cervello. Il cervello sarebbe invece uno strumento. Un modulatore, un'interfaccia, un dispositivo capace di sintonizzarsi su un campo più ampio di consapevolezza.

Questa ipotesi non nasce in ambienti esoterici, né è una semplice reazione filosofica ai limiti delle neuroscienze. Nasce nel cuore della cultura scientifica moderna, tra psicologi come William James, filosofi come Henri Bergson e ricercatori che osservano fenomeni difficili da spiegare entro il solo schema materialista.

Il "modello ricevitore" non pretende di sostituire la scienza. Propone un'altra prospettiva. Una prospettiva che non nega la fisiologia del cervello. Ma la reinterpreta.

In questo capitolo esploriamo questa visione da cinque angolature. La sua storia. Le basi elettromagnetiche. Le testimonianze borderline come le esperienze di quasi-morte. I casi discussi di mente non locale. E infine una metafora operativa: il cervello come interfaccia con un campo più vasto di informazioni.

Non si tratta di dimostrare una teoria. Si tratta di esplorare una possibilità. Una possibilità che, per quanto controversa, continua ad attrarre scienziati e pensatori di tutto il mondo.

Modelli "ricevitori" nella storia della scienza.

Modelli "ricevitori" nella storia della scienza. William James, Bergson.

L'idea del cervello come ricevitore nasce in un clima che oggi potremmo definire febbrile. Fra il 1880 e il 1910 l'Europa e gli Stati Uniti vivono una rivoluzione silenziosa. Le equazioni di Maxwell hanno appena mostrato che l'elettromagnetismo è un'unica forza. Heinrich Hertz, nel 1887, dimostra l'esistenza delle onde radio. La fisica scopre campi invisibili che agiscono a distanza. Contemporaneamente la psicologia muove i primi passi come disciplina autonoma. A Lipsia, Wilhelm Wundt studia i tempi di reazione. A Harvard, William James osserva che, dietro il comportamento misurabile, resta un enigma decisivo: la coscienza.

William James e Henri Bergson.

È in questo stagno ribollente che nel 1898 James presenta all'"*Associazione Filosofica Americana*" una tesi che spiazza molti colleghi. La mente, dice, non è un prodotto del cervello. Il cervello è una "funzione di trasmissione". Un apparato che filtra una coscienza più ampia. Per spiegarsi usa un'immagine semplice: la luce del sole attraversa un vetro colorato. Il vetro non crea la luce. La modula. La restringe. La rende adatta a un ambiente. Allo stesso modo – sostiene James – i neuroni selezionano ciò che possiamo percepire e ricordare. La coscienza è altrove. È un campo più grande.

James non appartiene alla schiera degli "antiscientifici". È lui a introdurre il pragmatismo negli Stati Uniti e a difendere la psicologia sperimentale. Ma non vede contraddizione tra rigore empirico e apertura metafisica. In una lettera del 1901 scrive: "*La scienza descrive i mezzi. La coscienza è il fine*". Harvard, in quegli anni, è un crocevia di idee. James discute animatamente con Charles Sanders Peirce e con il giovane Josiah Royce, che parla di una "mente assoluta" come sfondo del pensiero individuale. È un terreno fertile per ipotesi audaci.

A Parigi, quasi in parallelo, Henri Bergson lavora su una intuizione simile, ma la sviluppa in una direzione più radicale. Nel 1896 pubblica "*Materia e memoria*", un testo che diventa subito celebre nei circoli filosofici europei. Bergson ha una formazione brillante. È nato nel 1859, studia all'"*École Normale Supérieure*" e insegna al Collège de France. La sua Parigi è la città dell'Esposizione Universale, del telegrafo senza fili di Marconi (1901), della fotografia istantanea. Una società che si scopre improvvisamente aperta alle metafore dell'energia e del movimento.

In questo contesto Bergson propone una tesi che rompe con il meccanicismo dominante. Il cervello, dice, non crea immagini. Le seleziona. Le mette al servizio dell'azione. La memoria non è un archivio chiuso nella corteccia. È un "campo" di possibilità che trascende l'organismo. La coscienza è un flusso continuo, una durata che non coincide con la biologia. Il cervello funge da organo di scelta, un filtro operativo che permette all'individuo di orientarsi nel mondo. Non produce la coscienza. La rende utile.

L'influenza di Bergson è sorprendente. Nel 1911, quando tiene la conferenza "*L'anima e il corpo*", il pubblico riempie l'aula del Collège de France al punto da affollare i corridoi. Tra i suoi ascoltatori ci sono artisti, medici, matematici. Più tardi c'è perfino un giovane Einstein, che nel 1922 lo incontra a Parigi durante un dibattito sul tempo. I due non si capiscono del tutto, ma Einstein riconosce la profondità della sua visione. Non è un caso che, molti decenni dopo, fisici come David Bohm guardino con curiosità al suo modello di una realtà stratificata, con un piano implicito più vasto di quello visibile.

Queste idee non diventano mai "mainstream", né pretendono di sostituire la neurologia. James e Bergson non negano i neuroni, né l'importanza delle sinapsi. Propongono un'altra prospettiva. Una metafora alternativa. Come la radio non genera le onde che riceve, così il cervello potrebbe non essere l'origine della coscienza, ma il suo modulatore biologico.

Sono intuizioni nate più di un secolo fa. Eppure, continuano a esercitare un fascino singolare. Perché aprono un varco. Offrono la possibilità di considerare la mente non come un prodotto chiuso dentro il cranio, ma come un'interfaccia con un campo più ampio. Un campo che resta in gran parte da comprendere. Ma che, forse, ci comprende da sempre.

Elettromagnetismo cerebrale.

Nel XXI secolo l'idea del cervello come ricevitore trova un terreno nuovo. Non più nelle speculazioni filosofiche, ma nelle misurazioni di laboratorio. È un cambiamento silenzioso, nato nelle sale schermate di centri come il Massachusetts General Hospital o il Max Planck Institute di Monaco. Qui, in stanze protette da gabbie di Faraday, neuroscienziati e fisici registrano la vita elettrica del cervello con strumenti capaci di cogliere variazioni nell'ordine dei millisecondi.

Le tecniche sono note: EEG ad alta densità, MEG, sensori SQUID che rilevano campi debolissimi. Non c'è nulla di mistico. Sono strumenti nati per controllare l'epilessia, studiare il linguaggio, analizzare il sonno. Ma ciò che mostrano è sorprendente. Il cervello non comunica solo con impulsi chimici. Produce campi elettromagnetici complessi, che cambiano con lo stato psicologico e con l'attenzione.

Oscillazioni, sincronizzazioni, campi neurali.

Ogni pensiero è una danza elettrica. Migliaia di neuroni si attivano insieme e generano oscillazioni. Queste oscillazioni non sono tutte uguali. Le onde alfa compaiono quando chiudiamo gli occhi e ci distacchiamo dal mondo. Furono osservate per la prima volta da Hans Berger a Jena, nel 1929. Berger, spesso dimenticato, non era un fisico. Era un neurologo inquieto che cercava le tracce elettriche del pensiero dopo un incidente giovanile che aveva sfiorato la tragedia. La sua scoperta aprì una strada nuova: la mente ha un ritmo.

Altri ritmi appaiono in condizioni diverse. Le onde theta emergono nella creatività, nei momenti di intuizione improvvisa. Le beta dominano durante il lavoro mentale. Le gamma, oscillazioni rapidissime, si accendono quando integriamo informazioni distinte in un'unica percezione.

Ecco un elenco dei principali tipi di onde cerebrali e delle loro frequenze, in linea con l'idea che l'attività neuronale non sia soltanto chimica ma generi anche campi elettromagnetici complessi che cambiano con lo stato psicologico, l'attenzione e la coscienza. Queste oscillazioni elettromagnetiche costituiscono una componente fondamentale della comunicazione cerebrale e riflettono dinamicamente lo stato mentale, emotivo e attentivo dell'individuo.

Onde Delta (≈ 0.5–4 Hz)

Associate al sonno profondo senza sogni, alla rigenerazione corporea e alla sospensione quasi completa della coscienza. Possono emergere anche in stati meditativi molto profondi.

Onde Theta (≈ 4–8 Hz)

Compaiono nel sonno leggero, nella fase REM, nelle immagini oniriche, nell'ipnosi e durante stati di creatività, immaginazione e introspezione profonda.

Onde Alfa (≈ 8–12/13 Hz)

Tipiche della veglia rilassata ad occhi chiusi, della meditazione leggera, della calma vigile e dell'apertura ricettiva. Collegano gli stati più lenti (theta/delta) con quelli più veloci (beta/gamma).

Onde Beta (≈ 12–30/40 Hz)

Caratterizzano la veglia attiva, la concentrazione, il problem solving e l'azione. Le beta "alte" sono associate a stress, ansia e iperattivazione; le beta "basse" a un'attenzione calma e focalizzata.

Onde Gamma (≈ 30–100 Hz)

Sono le più rapide e difficili da registrare. Compaiono negli stati di integrazione cognitiva massima, insight, attenzione profonda, esperienze mistiche e sincronizzazione globale delle reti neurali.

Molti ricercatori ritengono che proprio le gamma siano legate all'esperienza cosciente. È qui che la fisica diventa psicologia.

Tra i protagonisti di questa rivoluzione spicca György Buzsáki, neuroscienziato ungherese trapiantato a New York. Nel suo laboratorio alla New York University ha registrato oscillazioni che organizzano la memoria come un direttore d'orchestra. Per Buzsáki il cervello non funziona per "scariche isolate", ma per schemi temporali che coordinano intere regioni. Il tempo è l'architetto dell'attività mentale.

Un'altra figura chiave è Karl Friston, britannico, teorico della mente e autore della "*Free Energy Principle*". Friston sostiene che il cervello usa le oscillazioni per prevedere il mondo. Le sincronizzazioni sono il modo con cui aree distanti si accordano per creare un modello della realtà. Secondo lui la coscienza potrebbe essere il risultato di questa coordinazione temporale. Un fenomeno elettromagnetico prima che biochimico.

Le implicazioni sono profonde. I campi elettromagnetici non sono confinati come le sinapsi. Hanno estensioni che attraversano i tessuti. Possono influenzarsi senza contatto diretto. È un dato fisico, non un'ipotesi metafisica. In questo scenario si inserisce la proposta, controversa ma suggestiva, del biologo Johnjoe McFadden dell'Università del Surrey. McFadden sostiene che la coscienza non sia il prodotto neuronale, ma il campo elettromagnetico generato dalla loro attività. Il "sé" sarebbe il livello superiore di ordine che emerge da questa trama di forze.

Molti neuroscienziati restano scettici. Altri osservano che l'enigma della coscienza potrebbe richiedere proprio un salto di livello. Perché nessun singolo neurone è cosciente. E nessuna sinapsi, da sola, produce l'esperienza. È la sincronizzazione che crea qualcosa di nuovo: un campo che integra, seleziona, unifica.

Nel 2018 un gruppo di ricercatori del Karolinska Institute ha mostrato che le oscillazioni possono modulare la percezione visiva applicando lievissime stimolazioni elettriche esterne. La percezione cambiava al variare della fase dell'onda. È un risultato che riecheggia un'intuizione antica: ciò che vediamo dipende dall'accordo interno, non solo dallo stimolo esterno.

La fisica del cervello, oggi, appare più ricca e più sottile di quanto si pensasse. Le oscillazioni non sono rumore di fondo. Sono linguaggio. E i campi che emergono da questo linguaggio potrebbero essere l'indizio di un principio più ampio. Un principio che supera la materia senza negarla. E che riporta, sorprendentemente, all'idea di un cervello fatto non solo per generare, ma anche per ricevere. Un organo che si sintonizza.

Forse la coscienza è anche una questione di frequenze. Di risonanze. Di armonie che attendono ancora una teoria capace di comprenderle tutte.

Esperienze di premorte (NDE) e stati alterati.

Le esperienze di premorte costituiscono uno dei capitoli più enigmatici della medicina contemporanea. Non sono racconti marginali. Sono testimonianze raccolte in ospedali moderni, spesso documentate in condizioni cliniche estreme. In arresti cardiaci, in cui l'elettroencefalogramma mostra un'attività minima. O addirittura un silenzio elettrico apparente. Eppure, proprio in quei minuti sospesi, molti pazienti riferiscono una lucidità sorprendente.

Negli anni Settanta il medico e filosofo Raymond Moody, allora alla University of Virginia, raccolse decine di testimonianze. Il suo libro "*Life After Life*" del 1975 divenne un caso culturale. Non tanto per i contenuti, quanto per la serietà del metodo. Moody descriveva schemi ricorrenti: la sensazione di uscire dal corpo, la percezione dell'ambiente ospedaliero dall'alto, l'incontro con familiari defunti, una chiarezza mentale inattesa. Le sue interviste non volevano provare nulla. Ma aprirono un dibattito che ancora oggi divide medici e filosofi.

Negli anni Duemila Sam Parnia, anestesista e ricercatore della NYU School of Medicine, avviò studi più rigorosi. Nel progetto AWARE, condotto in diversi ospedali tra Stati Uniti ed Europa, vennero posizionati pannelli con immagini nascoste sulle alte mensole delle sale di rianimazione. Solo un osservatore "fuori dal corpo" avrebbe potuto descriverle. I risultati non furono conclusivi. Ma alcuni resoconti contenevano dettagli verificabili sugli interventi di rianimazione, registrati in periodi in cui il monitor EEG mostrava attività minima. Parnia definì queste testimonianze "fenomeni mentali al limite", utili per indagare i confini della coscienza.

Ulteriori casi provengono da unità di terapia intensiva. Nel 2014 un'infermiera di Utrecht raccontò di un paziente che descrisse le sue mani fredde, coperte da un guanto blu, mentre lui era in arresto. Il dettaglio si rivelò corretto. L'uomo non avrebbe potuto saperlo. Era arrivato incosciente. I medici si divisero. Alcuni ipotizzarono ricostruzioni posteriori. Altri ammisero che il caso rimaneva anomalo.

Fenomeni simili emergono negli stati alterati indotti da sostanze psichedeliche. A Londra, l'Imperial College ha inaugurato nel 2019 il primo centro di ricerca dedicato alle psichedelie. Un team guidato da Robin Carhart-Harris ha pubblicato risultati sorprendenti. Volontari sotto psilocibina o DMT descrivono l'impressione di accedere a una "dimensione informativa" esterna. In parallelo, la risonanza magnetica mostrava una riduzione dell'attività nel cosiddetto "*default mode network*", una rete cruciale per il senso di sé. Meno attività. Più intensità soggettiva. Carhart-Harris parlò di "*esperienze iperconnesse in un cervello disorganizzato*".

La ketamina produce effetti analoghi. Nel 1995 il dottor Karl Jansen, del National Addiction Centre di Londra, descrisse casi in cui i pazienti riferivano di fluttuare in uno spazio astratto. In alcuni casi con la sensazione di assistere alla propria vita da un punto di vista esterno. Non un'allucinazione caotica. Ma un'esperienza strutturata, coerente, ricca di contenuti.

COSA SUGGERISCONO QUESTI FENOMENI.

Questi fenomeni non provano l'esistenza di una coscienza indipendente dal cervello. Ma introducono un paradosso difficile da ignorare. Gli stati di maggiore intensità soggettiva sembrano emergere proprio quando l'attività neuronale diminuisce. È l'opposto di ciò che ci aspetteremmo da un modello puramente riduzionistico. Come se la coscienza potesse "slittare" verso un'altra modalità operativa quando la rete neurale ordinaria rallenta. Un po' come il rumore di fondo che si attenua, rivelando un segnale prima impercettibile.

La cultura contemporanea ha colto questo paradosso. Lo scrittore americano Peter Matthiessen, dopo una esperienza quasi-mistica sul Monte Kailash nel 1983, parlò di "coscienza senza peso". Aldous Huxley, negli anni Cinquanta, evocò la metafora del cervello come "valvola riduttrice". Una struttura che filtra una realtà più ampia, invece di crearla. Le NDE e gli stati psichedelici sembrano, almeno in parte, accordarsi con questa immagine.

Non è necessario assumere una posizione metafisica. Ma questi fenomeni suggeriscono che la coscienza potrebbe essere meno dipendente del previsto dalla normale attività bioelettrica. Potrebbe emergere quando i circuiti convenzionali si spengono. O potrebbe accedere a forme di elaborazione meno locali, meno vincolate dalla fisiologia ordinaria.

In un contesto che studia il cervello come possibile ricevitore, queste testimonianze assumono un interesse particolare. Non confermano nulla. Ma indicano che l'esperienza cosciente non coincide sempre con i confini biologici del corpo. E che, nei momenti di "soglia", l'attività mentale sembra comportarsi come se avesse un margine di autonomia. Un margine che attende ancora una spiegazione. O forse, una nuova teoria capace di includerlo senza ridurlo.

Casi di mente non locale.

TELEPATIA, PERCEZIONI ANOMALE-

Quando si parla di telepatia, visione remota o sincronizzazioni mentali a distanza, il rischio è quello di scivolare nei territori dell'immaginazione. Eppure, tra anni Settanta e Novanta, alcuni laboratori universitari hanno tentato di studiare questi fenomeni con protocolli replicabili. Non sempre con risultati convincenti. Ma con abbastanza anomalie da mantenere vivo il dibattito.

Uno dei programmi più longevi è il "Ganzfeld", avviato all'Università del Maryland e poi ripreso da laboratori in Inghilterra, Germania e Olanda. I volontari venivano isolati in stanze separate, immersi in un ambiente sensoriale neutro. Palline da ping-pong tagliate e applicate sugli occhi, luce rossa diffusa, rumore bianco nelle cuffie. L'obiettivo era ridurre al minimo gli stimoli esterni. Un soggetto fungeva da "mittente", osservando immagini selezionate casualmente. L'altro, il "ricevente", doveva riportare impressioni, forme, simboli.

Le prime metanalisi degli anni Ottanta, condotte da Charles Honorton e pubblicate sulla rivista "*Psychological Bulletin*", mostrarono un tasso di "corrispondenza" leggermente superiore al caso. Non abbastanza per parlare di telepatia. Ma sufficiente per indicare un fenomeno non spiegato dai soli errori statistici. I detrattori, fra cui Ray Hyman dell'Università dell'Oregon, criticarono i protocolli. In risposta, Honorton e Hyman firmarono un documento congiunto nel 1986, proponendo standard più severi. Gli studi successivi ridussero gli effetti, pur senza annullarli del tutto. È uno dei pochi esempi di confronto serio tra scettici e sostenitori.

Parallelamente, negli Stati Uniti un'altra linea di ricerca prendeva forma. Nel 1995 la CIA declassificò centinaia di pagine relative al programma "*Stargate*", avviato negli anni Settanta in piena Guerra Fredda. L'obiettivo era studiare la "visione remota", ovvero la capacità di descrivere luoghi distanti senza contatto sensoriale. Il progetto coinvolse fisici come Harold Puthoff e Russell Targ allo "*Stanford Research Institute*", e soggetti come Ingo Swann, un artista autodidatta diventato celebre per alcune descrizioni sorprendenti. In uno dei test del 1973, Swann disegnò le strutture anulari del pianeta Giove. Pochi mesi dopo la sonda Pioneer 10 confermò la presenza di un anello sottile, allora sconosciuto. Coincidenza? Per molti sì. Per altri no.

Il programma Stargate accumulò migliaia di sessioni. I risultati erano disomogenei. Alcuni "osservatori" producevano descrizioni accurate. La maggior parte no. Nel 1995 la CIA chiuse il progetto per scarsa affidabilità operativa. Ma nel rapporto conclusivo di Jessica Utts e Ray Hyman, commissionato proprio dall'agenzia, Utts sostenne che gli effetti fossero "statisticamente significativi", mentre Hyman rimase scettico. Una polarità che ancora oggi riflette lo stato della ricerca.

Ci sono anche casi più quotidiani, meno spettacolari. Il fisico francese Olivier Costa de Beauregard raccolse negli anni Ottanta testimonianze di gemelli che riferivano sensazioni simultanee. Il neurologo britannico Peter Fenwick descrisse episodi in cui pazienti, in condizioni di isolamento, sembravano percepire improvvisi cambiamenti emotivi di parenti lontani. Fenwick, pur cauto, parlò di "*fenomeni che sfiorano i margini della fisiologia conosciuta*".

Il dibattito scientifico rimane teso. Il filosofo argentino Mario Bunge, materialista convinto, definì queste ricerche "*zone pericolose dove l'immaginazione minaccia il rigore*". Ma ammise che alcuni risultati "*non trovano ancora una spiegazione soddisfacente*". Il sociologo David Hufford, noto per i suoi studi sul folklore, osservò che molte culture considerano normali percezioni a distanza. Per lui, la scienza moderna potrebbe aver escluso troppo in fretta alcune esperienze diffuse.

La prudenza è necessaria. Molti esperimenti presentano limiti metodologici. Altri non sono stati replicati. E la storia della parapsicologia è piena di entusiasmi prematuri. Eppure, se si adotta un modello della mente come sistema connesso a un campo distribuito, certi fenomeni diventano meno enigmatici. Non più magie, ma fluttuazioni deboli in una rete informazionale più ampia. Piccoli segnali che emergono solo in condizioni particolari.

A oggi, le prove non bastano per rivedere la teoria neuroscientifica dominante. Ma nemmeno per chiudere definitivamente la questione. L'impressione è quella di un territorio liminale. Un confine dove psicologia, fisica e cultura si incontrano. E dove potrebbero nascondersi indizi su una mente più estesa di quanto immaginiamo.

Il cervello come interfaccia con il campo.

L'idea del cervello come interfaccia non nasce per spiegare tutto. Non è una teoria compiuta. È una metafora di lavoro. Serve a cambiare prospettiva, a immaginare la coscienza non come un prodotto interno, chiuso nel cranio, ma come un fenomeno distribuito. Una funzione che si estende oltre i confini biologici.

In questa visione il cervello opera come un decoder. Non genera il segnale. Lo interpreta. Come un modem che non crea i contenuti della rete, ma li traduce in immagini, testi, suoni. L'informazione è "fuori". L'apparato biologico la organizza, la filtra, la porta alla scala dell'esperienza umana.

Una metafora operativa.

Aldous Huxley, negli anni Cinquanta, usò una metafora simile. Scrisse che il cervello funziona come una "valvola riduttrice", progettata dall'evoluzione per lasciar passare solo ciò che serve alla sopravvivenza. Un'idea ripresa più tardi da filosofi come Colin McGinn. Anche il fisico David Bohm propose un'immagine evocativa. Parlò di un "*ordine implicato*", una dimensione più profonda della realtà, da cui emergono le manifestazioni osservabili. Per Bohm la mente è parte di questo ordine più ampio, non un epifenomeno isolato.

La metafora dell'interfaccia permette di saldare fra loro fenomeni apparentemente scollegati. Le oscillazioni neurali diventano un linguaggio di sintonizzazione, non molto diverso dalla modalità con cui una radio si aggancia a una frequenza. La memoria potrebbe includere componenti non locali. Ipotesi estrema, ma discussa da ricercatori come Karl Pribram negli anni Ottanta. Le esperienze di quasi-morte assumono un altro significato. Sembrano momenti in cui la "valvola" si allenta. Dove il filtro si indebolisce. E qualcosa di più vasto diventa percepibile. Si potrebbe obiettare che tutto questo è speculazione. E sarebbe vero. Ma spesso la scienza procede anche attraverso immagini. La fisica, prima ancora della matematica, è nata da metafore. Maxwell parlava di "tubi di flusso" per rappresentare i campi elettrici. Schrödinger immaginò onde che "non esistevano" nel nostro spazio ordinario. La metafora, se usata con rigore, prepara il terreno a nuovi modelli. Il cervello come interfaccia si inserisce in questa tradizione. Non chiede di rinunciare alle neuroscienze. Le completa. Permette di spiegare perché la mente sembri a volte più ampia dei suoi correlati materiali. E perché fenomeni rari, ma documentati, sembrino trascendere i limiti dell'organismo.

Un esempio culturale interessante viene dalla musica. Il pianista canadese Glenn Gould, celebre per le sue interpretazioni di Bach, descriveva spesso lo stato creativo come "*una connessione con un luogo non mio*". Non parlava di misticismo. Parlava di una qualità della mente che percepiva come "esterna". Uno stato in cui il cervello non inventava, rivelava. È solo un aneddoto. Ma illustra bene il senso della metafora.

Questa immagine apre scenari nuovi. Ponti tra fisica e psicologia. Tra neuroscienze e filosofia della mente. Non pretende di risolvere il mistero della coscienza. Ma suggerisce che forse stiamo guardando nella direzione sbagliata. Che il problema non è spiegare come il cervello produca la coscienza. Ma comprendere come la traduca. Come la renda utilizzabile in un mondo fisico. Il sogno, in fondo, è sempre lo stesso: l'unificazione. Non tra mente e cervello, come vorrebbe la tradizione materialista. Ma tra mente e realtà. Una realtà più vasta, più stratificata, forse più intelligente di quanto siamo abituati a immaginare.

VIII°. La coscienza come campo psichico.

L'idea che la coscienza non sia soltanto un prodotto del cervello, ma un campo che permea lo spazio in cui viviamo, sembra a prima vista un'ipotesi azzardata. Eppure, lungo il Novecento e oltre, filosofi, fisici e psicologi hanno più volte evocato questa possibilità. Alcuni lo hanno fatto per intuizione metafisica. Altri per necessità teorica. Altri ancora perché certi fenomeni dell'esperienza cosciente sembrano difficili da spiegare come semplice somma di segnali neurali.

In questo capitolo esploriamo questa ipotesi con prudenza, ma anche con immaginazione, come modello possibile. Un modello che, come spesso accade nella scienza, può diventare utile anche prima di essere provato. L'obiettivo non è sostituire la neuroscienza, ma ampliarne l'orizzonte. Così come l'elettromagnetismo non ha sostituito la fisica classica, ma l'ha resa più profonda.

Cos'è un "campo di coscienza".

Quando parliamo di "campo di coscienza" evochiamo un'idea che ha una lunga genealogia. Ogni volta che la scienza si è confrontata con fenomeni difficili da localizzare, ha introdotto il concetto di campo. È accaduto nel XIX secolo, quando l'elettricità e il magnetismo non potevano più essere spiegati con l'immagine di particelle che spingono altre particelle. Serviva qualcosa di più ampio. Qualcosa che unisse.

Michael Faraday, che all'epoca lavorava nella Royal Institution di Londra, era un chimico autodidatta. Disegnava le sue celebri "linee di forza" con una semplicità che irritava i fisici più ortodossi. Un collega, William Thomson (il futuro Lord Kelvin), raccontò che la prima volta che vide quelle linee pensò fossero "lirismo mascherato da fisica". Eppure, dietro quei tratti di gesso del 1831 c'era un'idea rivoluzionaria: lo spazio è attivo. Non è una cornice inerte. È un tessuto vibrante che organizza la materia.

James Clerk Maxwell, vent'anni dopo, trasformò quel linguaggio visivo in equazioni. Siamo nel 1864. In un'aula dell'Università di King's College, a Londra, Maxwell presentò la teoria del campo elettromagnetico. Da quel momento il campo non fu più un'analogia. Divenne una struttura reale perché produceva predizioni verificabili. Questa storia è utile per capire l'analogia proposta in questo capitolo. Immaginare la coscienza come un campo non significa attribuirle una dimensione esoterica. Significa considerarla una realtà estesa. Un fenomeno che attraversa l'individuo ma non si esaurisce in lui. Un processo che emerge da un'interazione continua tra cervello, corpo e ambiente.

DEFINIZIONE E CONFRONTO CON ALTRI MODELLI.

Una definizione operativa può aiutare: "il campo di coscienza è un ambiente informazionale dinamico che emerge dall'interazione tra cervello, corpo e mondo, e che si manifesta come esperienza soggettiva."

Questa definizione non sostituisce i modelli neurobiologici. Li integra. Invece di vedere il cervello come un computer che elabora simboli, lo si interpreta come un nodo dentro un ambiente più vasto. Un nodo che modula. Non che genera tutto da sé. I modelli neuro–computazionali degli anni Ottanta, come quelli proposti da David Marr e Marvin Minsky, descrivevano la mente attraverso il linguaggio della programmazione: input, calcolo, output. Un paradigma utile ma riduttivo. Mancava il cuore del fenomeno: la qualità dell'esperienza, ciò che i filosofi chiamano "qualia".

I "qualia", che cosa sono?

I qualia sono, nella filosofia della coscienza, le qualità soggettive e fenomeniche della nostra esperienza conscia. Sono gli aspetti definibili "come ci si sente" dell'essere coscienti.

In altre parole, i qualia sono:

- le sensazioni interne e immediatamente accessibili solo al soggetto;
- il carattere qualitativo dell'esperienza, come il "rosso" percepito nel vedere una mela, il sapore specifico del cioccolato, il dolore pungente di una puntura, il calore del sole sulla pelle;
- elementi difficilmente riducibili a descrizioni fisiche o funzionali.

Nella filosofia della mente, i qualia sono importanti perché sollevano la domanda se la coscienza sia completamente spiegabile attraverso processi fisici o computazionali.

In sintesi, i qualia sono ciò che rende l'esperienza "esperienza", ossia ciò che si prova dall'interno.

Il modello del campo mira proprio a integrare questa dimensione fenomenica. L'esperienza non è una collezione di dati. È un'unità che non si lascia scomporre senza perdere il suo senso. Non è un'idea nata oggi. William James, nel 1890, descriveva la coscienza come un "flusso" continuo. Un fiume che scorre senza pause nette. James non parlò mai di "campo". Ma il suo linguaggio suggeriva già una struttura estesa. Nel suo studio ad Harvard, dove insegnava psicologia, James annotava che "la coscienza è fatta di transizioni, non di oggetti". Una frase semplice. Ma potentissima.

Negli anni Sessanta il neurochirurgo Karl Pribram propose l'idea della mente come ologramma. Era affascinato dalle scoperte della fisica dell'epoca. Sosteneva che il cervello non fosse un archivio di ricordi, ma un interprete di interferenze. L'immagine olografica è un chiaro esempio di fenomeno di campo: ogni parte contiene l'informazione del tutto. Una metafora, certo. Ma utile per immaginare come l'esperienza possa emergere da strutture diffuse.

Più di recente, negli anni Duemila, il filosofo David Chalmers ha suggerito che la coscienza potrebbe essere collegata a un "campo informazionale". Una proprietà fondamentale della realtà, simile alla massa o alla carica. È una proposta ancora preliminare. Ma segna una tendenza: sempre più ricercatori, anche lontani dalla psicologia, riconoscono che l'esperienza soggettiva potrebbe avere proprietà simili a quelle dei campi fisici.

Ecco il punto: concepire la coscienza come campo non è un abbandono della scienza. È un ampliamento del quadro. È riconoscere che la mente potrebbe essere parte di un fenomeno più vasto, che coinvolge la nostra biologia ma non si limita ad essa. Come accadde con l'elettromagnetismo, potremmo trovarci davanti a un cambio di prospettiva. Uno di quei momenti in cui la scienza, invece di fornire risposte definitive, apre una finestra più grande.

Le proprietà del campo psichico.

Quando descriviamo la coscienza come un campo, lo facciamo per analogia con i campi fisici noti. Ogni campo, dall'elettromagnetismo alla gravità, presenta tre proprietà fondamentali: continuità, estensione e reattività all'ambiente. Trasferite nel dominio dell'esperienza interiore, queste proprietà rivelano aspetti sorprendenti della vita mentale.

NON-LOCALITÀ, CONTINUITÀ, SENSIBILITÀ

Continuità.

L'esperienza cosciente si presenta come un flusso unitario. Non ha bordi netti. Non procede per fotogrammi. È più simile al movimento dell'acqua che scorre su un letto di pietre. William James lo aveva intuito nella sua stanza di studio a Cambridge, nel Massachusetts, quando nel 1890 scrisse che "*la coscienza non arriva a noi a piccoli colpi. È un continuo movimento*".

Le neuroscienze mostrano un mosaico complesso. Impulsi elettrici che si accendono e si spengono. Reti che si attivano a intervalli. Eppure, ciò che percepiamo non è frammentario. John Searle, in una conferenza a Berkeley negli anni Novanta, ammise sorridendo che "*se la coscienza fosse davvero discreta (non continua) come le sinapsi, ci accorgeremmo di essere fatti a scatti*". Ma non lo siamo.

Il modello del campo offre una metafora efficace. La continuità non deriva dagli elementi, ma dalla relazione fra gli elementi. Come in un campo magnetico, dove ogni punto dipende da quello accanto, l'esperienza nasce dalla coerenza del tutto, non dalla somma delle parti.

Non-località.

Il termine va usato con delicatezza. Non si sostiene che la mente sfidi le leggi della fisica. Ma si osserva che molti aspetti dell'esperienza sembrano emergere da dinamiche diffuse, non da una singola zona cerebrale.

Un esempio classico viene dalla creatività scientifica. Henri Poincaré raccontò che una delle sue intuizioni più importanti sulla teoria delle funzioni automorfe gli arrivò mentre saliva su un autobus a Coutances, in Normandia, lontano dai fogli su cui lavorava da settimane. "*All'improvviso, senza che avessi fatto alcun passo cosciente, l'idea mi apparve*", scrisse nel 1908.

Episodi di questo tipo sono frequenti. Non si tratta di "telepatia" né di misteri. Ma indicano che la mente integra informazioni che non sembrano localizzate in un singolo centro. L'intuizione emerge come se il sistema psichico stesse lavorando in parallelo, su un piano esteso.

Il modello del campo offre un'immagine utile. In un campo elettromagnetico l'informazione è distribuita, non risiede in un unico punto. Ogni punto "sa" qualcosa del tutto. La coscienza, analogamente, può elaborare in modo diffuso e restituire risultati che appaiono improvvisi solo perché emergono da dinamiche non immediatamente visibili.

Sensibilità.

Un campo è sensibile alle condizioni del suo ambiente. Cambia forma, intensità e direzione in base a ciò che lo circonda. Anche la coscienza mostra questa proprietà.

Basta osservare quanto l'esperienza interiore dipenda dal contesto. Una stanza illuminata da luce naturale produce uno stato mentale diverso rispetto a una stanza al neon. Oliver Sacks lo raccontò in un saggio degli anni Ottanta: bastava cambiare la posizione del corpo di un paziente con sindrome neurologica per modificare radicalmente la sua percezione dello spazio.

La coscienza risponde ai volti, ai toni di voce, agli odori. È modulata dai corpi degli altri. Nel 1994 Antonio Damasio introdusse il concetto di “marcatori somatici”. Le emozioni, e persino le microvariazioni corporee, guidano il processo decisionale. Non operano come semplici impulsi, ma come segnali che permeano tutto il campo dell’esperienza. In altre parole, la coscienza non è un osservatore neutrale. È un campo sensibile. Si adatta, si espande, si restringe. Reagisce.

Il modello del campo offre una cornice coerente. Se la coscienza è un campo, allora è naturale che risponda a configurazioni corporee e ambientali. Proprio come un campo magnetico modifica la sua forma in presenza di un pezzo di ferro caldo, la coscienza modifica il proprio “disegno interiore” in presenza di uno stimolo significativo.

Queste tre proprietà – continuità, non-località e sensibilità – non pretendono di essere prove. Sono indizi coerenti. Segnali che suggeriscono la possibilità che la coscienza sia più ampia dei meccanismi che la producono. Come accadde con i campi fisici nell’Ottocento, potremmo trovarci davanti a un concetto che oggi appare metaforico, ma domani potrebbe diventare un nuovo strumento teorico. Una nuova mappa per capire il territorio più misterioso che conosciamo.

L'individuo come nodo del campo.

Immaginare la coscienza come un campo significa rivedere la posizione dell'individuo. Non più contenitore chiuso. Non più isola mentale. Ma nodo. Punto di condensazione dentro una trama più vasta. Una metafora efficace è quella della rete elettrica. Ogni lampadina ha una luce propria. Ha un colore, un'intensità, un ritmo. Ma la corrente che la attraversa appartiene alla rete intera. Così, l'identità personale può essere vista come la tonalità unica con cui ciascuno illumina il mondo. Allo stesso tempo, quella luce esiste perché scorre un'energia condivisa.

Questa idea non richiede alcun misticismo. Richiede un cambio di prospettiva. Molti comportamenti umani sembrano più comprensibili se li interpretiamo come dinamiche di campo. La risonanza emotiva, ad esempio. Chiunque abbia assistito a un concerto alla *Philharmonie* di Berlino conosce la sensazione di un'emozione che "si diffonde". Non è semplice imitazione. È un processo collettivo. Il pubblico non è un insieme di individui separati. È un organismo temporaneo, che vibra.

Identità personale e identità collettiva

Il sociologo Émile Durkheim, nel 1912, parlò di "*effervescenza collettiva*" analizzando i rituali delle società tradizionali. Notava come l'identità personale si ampliasse. Come si dilatasse. Durkheim non parlava di campi. Ma descriveva esattamente un fenomeno di campo: stati mentali sincronizzati che emergono quando le persone condividono uno spazio e un'intenzione.

Anche la psicologia analitica ha esplorato questi territori. Carl Gustav Jung propose il concetto di inconscio collettivo negli anni Trenta, mentre lavorava nella sua casa di Küsnacht, sulle rive del lago di Zurigo. Era un modo per dire che alcuni contenuti psichici superano il livello individuale. Jung parlava di archetipi. Figure ricorrenti che ritornano nelle culture. Il modello del campo riformula questa idea in modo più neutro. Non postula strutture innate. Parla di una partecipazione continua a un ambiente psichico condiviso.

La cultura stessa può essere vista come estensione di questo campo. Un esempio evidente è il linguaggio. Nessuno lo inventa da solo. Lo riceviamo, lo trasformiamo, lo rimandiamo indietro. Ogni frase è la somma di decine o centinaia di anni di mutazioni. Lo scrittore Elias Canetti, nel 1976, disse che "*le parole noi non le possediamo. Ci attraversano*". In questa immagine si ritrova l'idea di fondo: l'individuo è un canale, non un magazzino.

Un altro esempio è la circolazione dei "*meme culturali*", oggi amplificata dal digitale. Una battuta nata su un forum anonimo può diventare globale in poche ore. La velocità con cui si diffonde non è spiegabile come una sequenza di scelte individuali isolate. È un fenomeno emergente. Un campo informazionale in azione, anche se nessuno lo chiama così.

Pensare l'identità personale come nodo del campo non la indebolisce. La rafforza. Significa riconoscere che ciò che chiamiamo "io" è il risultato di molte correnti. Correnti biologiche, sociali, culturali. Ma significa anche ammettere che ognuno restituisce al campo una modulazione originale. Una vibrazione che esiste solo in quel punto.

L'individuo è più di un atomo isolato. È un centro di risonanza. È un luogo di passaggio in cui il campo diventa storia, gesto, voce. E l'identità collettiva non è una massa indistinta. È la trama che emerge dall'intreccio di milioni di nodi. Una struttura viva, dinamica, in continuo cambiamento.

In questa prospettiva, la coscienza individuale e quella collettiva non sono due mondi separati. Sono due scale diverse dello stesso fenomeno. Come una melodia suonata da un solo violino e un tema orchestrale eseguito da un'intera sinfonia. La musica cambia. Ma lo strumento è lo stesso.

Coscienza e informazione.

Uno dei modi più promettenti per avvicinare la coscienza alla scienza contemporanea è considerarla un campo di informazione. L'informazione è già un ponte. Un concetto che attraversa fisica, biologia, neuroscienze. Nel 1948 Claude Shannon la definì come riduzione dell'incertezza. Una definizione austera, nata negli uffici dei Bell Labs di New York, eppure destinata a cambiare il mondo.

Nel giro di pochi anni, l'informazione diventò un linguaggio universale. I fisici la adottarono. I teorici del computer la misero al centro di una nuova economia del pensiero. E negli anni Ottanta John Wheeler, uno dei protagonisti della fisica quantistica del Novecento, propose la formula che oggi fa discutere ancora: "*It from bit*". La realtà nasce dall'informazione. Non il contrario.

L'IPOTESI INFORMAZIONALE DELLA MENTE.

Se applichiamo questa intuizione alla coscienza, l'immagine che emerge è sorprendente. La mente non appare più come un prodotto esclusivo del cervello. Appare come una trama. Una rete continua di scambi, modulazioni, adattamenti. Il cervello, in questa prospettiva, è soprattutto un trasduttore. Non l'origine della coscienza, ma il suo principale strumento di messa a fuoco.

La metafora dell'antenna è utile. Un'antenna non crea il segnale. Lo seleziona. Lo amplifica. Lo rende interpretabile. Così il cervello può essere visto come un dispositivo che organizza il contenuto informazionale già presente nell'ambiente. L'immagine ricorda certe osservazioni fatte negli anni Sessanta da Karl Pribram, che paragonava il cervello a un sistema olografico capace di ricostruire informazioni diffuse.

In questo quadro, la percezione non è una fotografia interna del mondo esterno. È una relazione. Un incontro tra l'informazione ambientale e la configurazione istantanea del campo psichico. Per questo due persone osservano la stessa scena e ne ricavano impressioni completamente diverse. Non è solo una questione di memoria o cultura. È una differenza di campo. Un esempio semplice viene dall'arte. Chi visita la Cappella Rothko, a Houston, spesso riferisce di provare un cambiamento dello stato interno. Non per ciò che vede, ma per ciò che entra in risonanza. Le grandi tele scure di Rothko non rappresentano nulla. Creano un campo percettivo. Un ambiente informazionale che modifica l'assetto del visitatore.

Questa sensibilità all'informazione ambientale è evidente anche nella vita quotidiana. Una conversazione tesa modula lo stato interno di una stanza. Non perché vengono trasmessi contenuti espliciti. Ma perché si altera il campo informazionale condiviso. Le neuroscienze sociali iniziano a esplorare questi fenomeni, studiando come i cervelli si sincronizzino durante un dialogo. Nel 2010 un gruppo dell'Università di Princeton misurò questa sincronizzazione durante la narrazione orale di una storia. Il risultato fu chiaro: chi ascolta si allinea ai modelli neurali di chi parla, come se stesse "ricevendo" la sua struttura informazionale.

Se la coscienza è un campo informazionale, allora l'esperienza non dipende solo da ciò che siamo, ma anche da ciò che attraversiamo. Il mondo non è un insieme di oggetti. È un flusso di segnali. La mente non è un archivio. È un interprete.

L'ipotesi informazionale non pretende di spiegare tutto. Offre però un vantaggio: permette di pensare la coscienza come fenomeno esteso, senza negare il ruolo del cervello. Un modello in cui la soggettività nasce dall'interazione continua tra un organismo e un campo di dati più grande di lui.

È una visione ancora giovane. Ma potrebbe diventare un ponte verso una nuova mappa della mente. Una mappa in cui la coscienza non è solo ciò che accade dentro di noi. È ciò che accade tra noi e il mondo. È ciò che si forma ogni volta che informazione e presenza si incontrano.

Evidenze preliminari e possibili esperimenti.

Ogni teoria diventa scienza solo quando suggerisce un modo per essere messa alla prova. L'ipotesi della coscienza come campo è impegnativa. Non si presta a esperimenti semplici. Ma non è imprendibile. Alcune linee di indagine sono già emerse, spesso ai margini della ricerca ufficiale, dove scienza e intuizione si sfiorano senza confondersi.

Coerenza neurale non locale.

Se la coscienza funziona come un campo, potremmo aspettarci correlazioni cerebrali che superano i limiti anatomici. Non parliamo di fenomeni esotici. Parliamo di sincronizzazioni tra regioni distanti del cervello, osservabili con strumenti come EEG o MEG.

Negli anni Novanta Francisco Varela, allora al "*Laboratorio di Neuroscienze Cognitive*" di Parigi, descrisse episodi di "coerenza globale" durante compiti percettivi rapidi. Il suo gruppo registrò pattern che sembravano anticipare la risposta cosciente del soggetto. Come se il cervello, per un attimo, si comportasse da sistema unitario. Varela evitava interpretazioni audaci. Ma riconosceva di trovarsi davanti a un fenomeno che "*non coincideva con la mera somma delle parti*".

Studi più recenti, pubblicati nel 2018 dall'Università del Wisconsin, hanno mostrato lampi di sincronizzazione millimetrica durante decisioni improvvise. Durano pochi millisecondi. Eppure, si estendono a tutta la corteccia. Sono indizi fragili, certo. Ma ogni nuova tecnologia di imaging sembra allargare la stessa domanda: da dove arriva questa unità improvvisa?

Interazioni tra individui.

Un'altra direzione riguarda le correlazioni tra persone. Non forme di telepatia. Fenomeni più discreti. Sottili. Come micro-allineamenti fisiologici in gruppi che condividono la stessa situazione emotiva.

Durante una serie di esercitazioni antisismiche condotte in Giappone tra il 2011 e il 2014, ricercatori dell'Università di Tōhoku notarono qualcosa di inatteso. I partecipanti, disposti in stanze separate, senza contatto visivo o uditivo, tendevano a muoversi con micro-tempi simili quando venivano esposti alla stessa sequenza di allarme. I dati accelerometrici mostrarono "coordinazioni spontanee non attribuibili al caso", come scrissero nel rapporto finale. Un risultato prudente, ma intrigante.

Anche nella musica emergono fenomeni simili. Nel 2016 il Centre for Performance Science di Londra registrò i battiti cardiaci dei membri della *London Philharmonic Orchestra* durante una prova. I picchi si allinearono nei momenti di massima tensione espressiva. Non è sorprendente che i musicisti "sentano" insieme. Sorprende che lo facciano anche quando non si guardano e non respirano allo stesso ritmo.

Questi effetti potrebbero essere spiegati da fattori fisiologici o cognitivi. Ma potrebbero anche indicare un coordinamento più sottile. Una dinamica collettiva dello stato di coscienza.

Modelli computazionali.

La terza strada è teorica. Nasce dall'intelligenza artificiale. Alcuni laboratori stanno esplorando sistemi in cui più agenti condividono uno "spazio latente" comune. Un ambiente informazionale che non appartiene a nessuno dei singoli agenti, ma che influenza tutti.

Nel 2022 il *MIT Media Lab* simulò una popolazione artificiale di agenti immersi in un campo informazionale condiviso. Gli agenti svilupparono comportamenti di coordinamento spontaneo che non erano stati programmati. Un fenomeno emergente. Piccolo, ma significativo. Ricorda alcuni modelli degli anni Settanta, quando John Conway creò il "*Game of Life*". In quel caso, semplici regole generavano schemi complessi. Qui, semplici agenti generano dinamiche collettive in presenza di un campo comune. Non è prova dell'esistenza di un campo psichico. Ma è un modello di come potrebbe funzionare. E i modelli, nella storia della scienza, arrivano sempre prima delle scoperte.

Non abbiamo ancora risultati definitivi. Non abbiamo ancora un esperimento decisivo. Ma abbiamo segnali. Fenomeni periferici che sfidano le spiegazioni attuali. Abbiamo domande più precise di dieci anni fa.

Ogni trasformazione scientifica comincia così. Con un'ipotesi difficile da verificare. Con strumenti che non sono ancora pronti. Con ricercatori che osano osservare ciò che gli altri scartano. Forse il campo di coscienza esiste, ma non abbiamo ancora imparato a misurarlo.

IX°. Un campo universale intelligente.

L'idea che l'universo non sia un meccanismo cieco, ma un processo attraversato da un principio organizzatore, ricorre nella storia del pensiero umano. A volte appare come intuizione spirituale. Altre volte come ipotesi scientifica. Oggi, nell'epoca dell'informazione e della fisica quantistica, riemerge sotto una nuova luce: quella di un campo universale capace non solo di strutturare la realtà, ma di farlo con una sorta di intelligenza intrinseca. Non un'intelligenza simile a quella umana. Piuttosto una capacità di generare ordine, coerenza, struttura. In questo capitolo esploriamo questa ipotesi attraverso la storia, la scienza e la cultura, mantenendo uno sguardo prudente ma aperto.

L'idea che l'universo non sia un semplice teatro materiale, ma un sistema dotato di una forma di intelligenza, attraversa la storia umana come un fiume carsico. Riemerge nei momenti di crisi culturale. Ritorna quando la scienza scopre un nuovo livello di ordine. Appare nelle filosofie religiose, ma anche nei laboratori, quando i ricercatori si accorgono che il cosmo sembra più simile a un processo che a un meccanismo.

In questo capitolo esploriamo questa intuizione. Non per dimostrarla, ma per capire perché continua a tornare. Da dove nasce. Che cosa implica per l'immagine che abbiamo del mondo. E, soprattutto, quale posto riserva all'essere umano.

Una mente universale?

La storia della mente universale comincia molto prima della scienza moderna. Nel III secolo a.C., gli stoici di Atene parlavano del *Logos* come di una ragione cosmica diffusa ovunque. Era un principio fisico e morale insieme. Penetrava ogni cosa. Univa ordine e destino. Nel loro portico dipinto, lo Stoà Poikìle, Zenone e Crisippo insegnavano che vivere secondo natura significava allinearsi a questa razionalità più ampia.

Tre secoli dopo, a Roma, Plotino riformulò la stessa intuizione in modo più audace. Nell'*Enneade III* descrisse l'*Anima Mundi* come un principio vivente che scorre attraverso tutte le forme, dal minerale all'uomo. Non un dio personale. Un respiro cosmico. L'eco di questo pensiero risuonò più tardi nel Rinascimento, quando Marsilio Ficino tradusse Plotino nella Firenze medicea.

Nel Seicento l'idea si riaccese con Giordano Bruno. Nelle sue peregrinazioni tra Venezia, Oxford e Parigi, Bruno immaginò l'universo come un animale infinito, pieno di vita e di intelligenza. Nel "*De la causa, principio et uno*" sosteneva che la mente divina non fosse separata dal mondo, ma intrisa in ogni atomo. Un'affermazione che gli costò la condanna nel 1600.

Nel Novecento il gesuita Pierre Teilhard de Chardin ripropose il tema in chiave evolutiva. Per lui l'universo non è solo materia in espansione, ma anche coscienza in crescita. Il suo concetto di Noosfera, formulato negli anni Venti mentre partecipava alle spedizioni scientifiche in Cina, descriveva l'emergere di una sfera mentale planetaria. Un campo fatto di pensiero collettivo, connessioni e significati. Una visione sorprendentemente anticipatrice dell'era digitale.

Non sono solo idee religiose. Anche la scienza, pur con prudenza, è inciampata in questa domanda. Nel 1954 Albert Einstein scrisse all'amico Maurice Solovine una frase divenuta celebre: "*L'aspetto più incomprensibile dell'universo è che esso sia comprensibile*". È un riconoscimento implicito dell'esistenza di un ordine leggibile. Una struttura razionale che la mente umana può decifrare.

Nel 1979, alla *Princeton University*, il fisico Freeman Dyson propose una riflessione ancora più audace. In un saggio apparso sul Reviews of Modern Physics affermò: "*Sembra quasi che l'universo sapesse che saremmo arrivati*". Non un'asserzione metafisica. Un'osservazione sul carattere sorprendentemente ospitale del cosmo. Un insieme di condizioni che favoriscono la vita, la complessità, la coscienza.

Anche la cultura popolare ha assorbito questa idea. Nel 1982, nel romanzo Cosmos, Carl Sagan descrisse l'universo come "*ciò da cui siamo nati e di cui siamo parte*". Una frase che anticipa molte visioni contemporanee della mente come fenomeno non isolato, ma intricato nelle trame più profonde della realtà.

Tutte queste tradizioni – filosofiche, religiose, scientifiche – convergono su una domanda semplice e al tempo stesso vertiginosa. Se il cosmo genera ordine, complessità e significato, è solo un caso? O riflette una struttura profonda, un principio intelligente, un campo ordinatore più ampio di ciò che chiamiamo mente individuale?

Non abbiamo una risposta definitiva. Ma la domanda continua a tornare. È il segno che qualcosa, nell'universo, invita a essere letto. E forse anche compreso.

In che senso il campo può essere "intelligente".

Attribuire al campo universale una forma di "intelligenza" non significa immaginare un'entità dotata di intenzioni. Non è una mente che pensa. È, semmai, una tendenza naturale all'ordine. Un comportamento emergente che si manifesta ovunque la complessità trova spazio per crescere.

Ilya Prigogine, premio Nobel nel 1977, lo spiegava con un'esperienza tanto semplice quanto sorprendente. Nel suo laboratorio di Bruxelles mostrava spesso ai visitatori un becher pieno di una soluzione chimica in apparenza banale. Poi la riscaldava. A un certo punto comparivano strutture ordinate, come spirali o onde di colore. "La natura inventa", diceva. E lo diceva con la serenità di chi sa di avere tra le mani una rivoluzione concettuale. Le sue "strutture dissipative" mostravano che il disordine può produrre ordine. Senza progettisti. Senza direttive esterne.

AUTO-ORGANIZZAZIONE E COMPLESSITÀ.

Questa capacità di creare pattern coerenti a partire dal caos è ciò che le scienze della complessità hanno iniziato a osservare in ogni scala. Negli anni Ottanta Stuart Kauffman, allora giovane ricercatore al Santa Fe Institute, costruiva modelli di reti chimiche autocatalitiche. Sistemi che, una volta superata una soglia critica, cominciavano ad autoriprodursi. Una chimica "che si fa da sé". Molti ricordano un suo commento, scritto su una lavagna di Santa Fe nel 1985: "*La vita non è un miracolo. È una conseguenza*". Una frase che sintetizza l'idea più scandalosa del suo lavoro: l'universo sembra preferire la vita alla sua assenza.

Esempi simili abbondano in natura. Le dune del deserto di Namib si dispongono in file regolari, guidate solo dal vento. I fiocchi di neve formano geometrie perfette. Le colonie di formiche, osservate nelle savane del Kenya da Deborah Gordon negli anni Novanta, organizzano rotte complesse senza un capo, seguendo segnali minimi e locali. La complessità nasce dal basso. Da interazioni minute. Da campi di relazione invisibili.

Se consideriamo il campo universale come uno spazio informazionale in cui ogni forma scambia, modula e riorganizza dati, allora la sua "intelligenza" consiste proprio in questo: la capacità intrinseca di produrre coerenza. Di generare pattern che resistono all'entropia. Di trasformare flussi casuali in strutture stabili o evolutive.

Alcuni fisici teorici hanno iniziato a parlare di "informazione attiva", un concetto che circola soprattutto dal 2010 nei seminari dell'Università di Oxford e del *Perimeter Institute* di Waterloo. L'idea è che l'informazione non sia un semplice attributo delle cose, ma una forza organizzatrice. Qualcosa che guida le possibilità verso configurazioni selezionate. Non un'intelligenza nel senso umano del termine. Qualcosa di più impersonale. Ma non meno efficace.

Un esempio affascinante arriva dall'astrofisica. Nel 2006, un team dell'Università di Tokyo osservò che le galassie non si dispongono a caso nello spazio. Seguono filamenti e nodi che ricordano reti neurali. Quando mostrarono l'immagine a un neuroscienziato, questi esclamò: "*Sembra un cervello in espansione*". Un commento spontaneo, certo. Ma il fatto che la materia cosmica e quella cerebrale condividano geometrie emergenti suggerisce che la tendenza alla forma potrebbe essere un principio universale.

Dire allora che il campo è "intelligente" significa riconoscere che l'universo non è un ammasso inerte. È un sistema capace di creare ordine, complessità, strutture funzionali. Senza bisogno di intenzioni, senza una mente separata, ma con la logica essenziale dei sistemi che si auto-organizzano: usare il flusso dell'energia per costruire più ordine di quanto non se ne perda.

È un'intelligenza diffusa. Una logica del cosmo. Una capacità generativa che opera in silenzio, ma che plasma ogni cosa che esiste.

Ordine implicato e ordine esplicato (Bohm).

Negli anni Ottanta, mentre la fisica teorica si divideva tra cosmologia inflazionaria e teoria delle stringhe, David Bohm lavorava a un'idea radicale e quasi eretica. Non voleva solo spiegare i paradossi quantistici. Cercava una nuova immagine della realtà. Una visione che superasse la frammentazione tipica della cultura moderna. Lavorava a Birkbeck College, a Londra, in un piccolo ufficio colmo di libri. Chi lo incontrava ricorda un uomo calmo, con un modo mite di parlare. Ma le sue idee erano tutt'altro che tranquille.

Bohm distingueva due livelli dell'esistenza. Il primo lo chiamava ordine esplicato. È il mondo che percepiamo ogni giorno. Fatto di oggetti separati. Di distanze. Di confini. Di individui che sembrano indipendenti. È la realtà descritta dai sensi e dalle scienze classiche. Una realtà stabile, nitida, solida.

Ma per Bohm questa stabilità è un'illusione. Un'apparenza utile, non la struttura di fondo. Sotto l'ordine esplicato esiste qualcosa di più profondo. L'ordine implicato. Un livello nascosto in cui ogni elemento è connesso con tutti gli altri. Come in un ologramma, in cui ogni frammento contiene l'immagine intera. Non c'è separazione. Non c'è distanza. La realtà è un tessuto unico, continuo, vibrante.

Realtà come processo.

Bohm usava spesso un esempio per spiegarsi. Durante una conferenza a Berkeley nel 1983 mostrò due contenitori cilindrici riempiti di glicerina. Una goccia di inchiostro veniva iniettata nel primo cilindro. Poi veniva mescolata lentamente con un movimento rotatorio meccanico. La goccia di inchiostro si allungava, si spezzava, scompariva. Ma quando il cilindro veniva girato al contrario, il movimento si invertiva. L'inchiostro tornava a ricomporsi. La goccia ricompariva come se fosse riavvolta nel tempo. Bohm diceva: "*L'ordine implicato è come l'inchiostro che non vedi più ma che non è scomparso. È solo avvolto*".

Il mondo, secondo lui, funziona così. Ciò che percepiamo come separato è solo un momento del dispiegamento. E ciò che non percepiamo continua ad agire in una dimensione più profonda, ancora implicata. La realtà è un processo di continuo fluire. Un mare che genera onde. Le onde cambiano, il mare rimane.

Questa idea nasceva anche da un incontro. Nel 1961 Bohm aveva conosciuto lo studioso indiano Jiddu Krishnamurti, che parlava spesso dell'illusione del sé separato. I due avviarono un dialogo durato vent'anni. Conversazioni intense, registrate a Ojai, in California. Due mondi diversi. Un fisico teorico occidentale e un maestro spirituale orientale. Eppure, entrambi convinti che la divisione sia una costruzione della mente. Bohm cercò di darle una forma matematica. Krishnamurti una forma esistenziale.

L'ordine implicato non è un concetto mistico. È un modo per descrivere un universo in cui la relazione viene prima degli oggetti. La connessione prima dell'identità. È un mondo in cui tutto influisce su tutto. Dove "separato" significa solo "momentaneamente dispiegato".

La fisica mainstream non ha mai adottato questa visione. È rimasta un'interpretazione minoritaria. Eppure, continua a ispirare ricercatori. Nel 2015, in un seminario al MIT, il fisico Antony Valentini parlò dell'ordine implicato come di "*una delle rare intuizioni capaci di offrire una mappa oltre il mainstream*". Alcuni filosofi della scienza, come Karen Barad, hanno ripreso l'idea di un universo "intra-connesso". Anche certi modelli informazionali dell'universo, sviluppati negli anni Duemila al Perimeter Institute, sembrano dialogare con questa immagine.

L'interesse attuale nasce da una possibilità affascinante. Se esiste un ordine implicato, allora la realtà visibile non è tutto. È una proiezione. una manifestazione, un estratto di un livello più ricco e più unificato. Un livello che può essere pensato come un campo c come una matrice di informazione. Una sorgente comune da cui emergono forma, coerenza e struttura.

Non un Dio nascosto. Non un disegno volontario. Un principio di organizzazione profonda. Qualcosa che tiene insieme ciò che, in superficie, appare separato. Una grammatica invisibile della realtà. Una dinamica che fa del mondo non un insieme di cose, ma un processo. Sempre in atto. Sempre in movimento.

Bohm lo riassumeva con una frase semplice, annotata nei suoi quaderni nel 1984: "*La realtà non è fatta di parti, ma di partecipazione*". Una immagine che, oggi, torna a risuonare. Anche fuori dalla fisica. Anche quando cerchiamo di capire che cosa sia davvero la coscienza.

Informazione come fondamento dell'essere.

Quando John Wheeler pronunciò la frase "*It from bit*" a una conferenza del 1989 al Santa Fe Institute, molti fisici sorrisero. Sembrava una provocazione filosofica più che una teoria scientifica. Eppure, quella formula quasi infantile conteneva un'intuizione profonda: la materia potrebbe essere un epifenomeno dell'informazione. Non il contrario. Wheeler sosteneva che ogni evento fisico — dalla traiettoria di un elettrone al collasso di una stella — nasce dalla risposta della natura a una domanda fondamentale: sì o no. Uno stato binario, un bit.

Negli anni successivi questa intuizione ha trovato terreno fertile. Non solo nella fisica teorica, ma anche nella cosmologia. Gerard 't Hooft, premio Nobel nel 1999, e Leonard Susskind approfondirono un'idea sorprendente. Che l'universo potrebbe essere descritto come un'enorme superficie informazionale. Non un volume, ma una "pelle" in cui è codificato tutto ciò che accade all'interno. È la cosiddetta teoria olografica. Una realtà tridimensionale che deriva da un codice bidimensionale. Come un ologramma, appunto, in cui l'immagine completa è contenuta in una superficie.

L'UNIVERSO COMPUTAZIONALE E OLOGRAFICO.

Nel 1997 Juan Maldacena, allora giovane ricercatore all'"*Institute for Advanced Study*" di Princeton, propose un modello matematico che diede credibilità all'ipotesi. Oggi la "*congettura di Maldacena*" è uno dei pilastri della fisica teorica. Non prova che l'universo sia una proiezione, ma mostra che la fisica di uno spazio tridimensionale può equivalere a quella di una superficie bidimensionale che lo racchiude. Una simmetria che ricorda più la struttura del software che quella della materia.

L'idea dell'universo computazionale nasce in un contesto simile. Edward Fredkin, negli anni Ottanta, era considerato un outsider nel mondo accademico. Non aveva un dottorato. Veniva dal MIT, ma con un percorso irregolare. Eppure, sosteneva una tesi audace: la realtà è un computer. Un sistema che processa informazioni a livello elementare. Fredkin immaginava un modello semplice. Ogni particella è un bit. Ogni collisione è una computazione. Il tempo è il ritmo di aggiornamento del programma.

Seth Lloyd, fisico quantistico al MIT, sviluppò questa idea in modo più rigoroso. Nel 2006 pubblicò "*Programming the Universe*", sostenendo che il cosmo, dalla nascita con il Big Bang fino alle strutture galattiche, ha eseguito circa 10^120 operazioni logiche. Numeri vertiginosi, che descrivono un universo impegnato in un calcolo continuo. Lloyd lo riassumeva così: "*L'universo è un computer quantistico che si programma da solo*".

Queste teorie potrebbero sembrare astrazioni. Ma trovano eco in molte osservazioni. Nel 2014 un gruppo di astronomi dell'"*European Southern Observatory*", lavorando sul supercomputer Paranal in Cile, notò che la distribuzione delle galassie segue pattern che ricordano la crescita di reti informazionali. Non semplici ammassi caotici, ma strutture simili alle reti neurali artificiali. Anche la fisica dei buchi neri, studiata da Stephen Hawking e Jacob Bekenstein, ha mostrato che l'informazione non scompare mai. Resta inscritta sulla superficie dell'orizzonte degli eventi. Una regola che il mondo digitale conosce bene: i dati non si distruggono, si trasformano.

La natura stessa sembra comportarsi come un archivio vivente. Le molecole che si autoassemblano nei laboratori di biologia sintetica, come nel progetto del DNA artificiale realizzato a Cambridge nel 2017, rispondono a logiche di codifica e decodifica. Le cellule apprendono. Gli ecosistemi accumulano memoria. Le società umane generano reti di significato che evolvono come software collettivi.

Se l'informazione è la sostanza profonda dell'universo, allora l'emergere della coscienza non appare più un miracolo isolato. Diventa un'espressione sofisticata di un processo universale. Un modo in cui il campo informazionale prende forma sensibile. Un modo in cui l'universo "sa di esistere".

Non è un'ipotesi definitiva. Ma è un linguaggio nuovo. Una grammatica che permette di collegare cosmologia, biologia, neuroscienze e filosofia in una visione unitaria. Una visione in cui la realtà non è fatta di cose, ma di relazioni. Non di materia, ma di informazione. E forse l'intelligenza non è una prerogativa umana. È una proprietà del cosmo. Una forma di organizzazione che pervade tutto, dalle stelle alle idee, dal Big Bang al pensiero più intimo. Una trama che aspetta soltanto di essere letta.

Conseguenze antropologiche.

Accettare l'idea di un campo universale intelligente e ordinatore non significa scivolare in una visione mistica del mondo. Significa, piuttosto, riconsiderare il ruolo dell'uomo all'interno di un universo che non è più una macchina indifferente, ma un processo dinamico in cui emergono ordine, complessità e coscienza. In questa prospettiva, l'essere umano non è un intruso sulla scena cosmica. È una delle sue voci. Una delle sue espressioni.

Negli ultimi decenni diversi filosofi hanno messo in discussione l'idea che la mente sia un semplice sottoprodotto evolutivo. Thomas Nagel, nel 2012, con il discusso saggio "*Mind and Cosmos*", sostenne che la coscienza non può essere spiegata solo con la selezione naturale. È un tratto troppo centrale. Troppo strutturale. Nagel non propose un'alternativa completa, ma aprì una breccia: forse la mente è un ingrediente fondamentale dell'universo, non solo un accidente.

Evan Thompson, in "*Mind in Life*" (2007), ampliò questa intuizione con un approccio fenomenologico ed enattivo. Per lui la coscienza è il modo in cui la vita si conosce dall'interno. Non un'aggiunta tardiva, ma una prospettiva immanente alla stessa trama biologica. In questo senso l'uomo non "ha" la coscienza. L'uomo è un punto di raccolta, locale e temporaneo, di una coscienza diffusa.

Il posto dell'uomo nel cosmo.

Questa idea trova risalto anche fuori dalla filosofia. Nel 1996, durante una conferenza a Kyoto, il biologo Francisco Varela affermò che la soggettività è "*una piega locale del campo della vita*". Una frase semplice, ma che molti ricercatori ricordano come una rivelazione. Descriveva l'essere umano non come un osservatore esterno al mondo, ma come parte di un unico processo di autoregolazione e apprendimento.

Se la coscienza è una dimensione costitutiva dell'universo, anche la presenza umana assume un significato differente. Non siamo al centro, ma neppure ai margini. Siamo un'interfaccia. Un passaggio tra il livello implicito dell'ordine cosmico e la sua manifestazione riflessiva. Pensiamo perché l'universo, attraverso di noi, riflette su se stesso. È un'immagine audace, ma trova una sorprendente eco nelle parole di Carl Sagan. In una puntata della serie Cosmos del 1980, filmata nel deserto del Mojave, disse: "*Siamo un modo per l'universo di conoscere se stesso*".

Questa prospettiva implica anche una responsabilità. Se ogni essere umano è un nodo di un campo più vasto, allora ogni atto cognitivo, emotivo e sociale contribuisce alla qualità di quel campo. Non siamo semplici consumatori di realtà. Siamo co–autori. Partecipiamo alla sua coerenza. In un certo senso, la nostra etica non riguarda solo il comportamento verso gli altri, ma il modo in cui alimentiamo la trama stessa dell'esistenza.

Alcuni antropologi hanno intercettato intuizioni simili in culture antiche. Nel 1972, durante una spedizione in Amazzonia, l'etnografo Gerardo Reichel-Dolmatoff notò che gli sciamani tukano consideravano l'uomo come "*il custode del respiro del mondo*". Una formula poetica per dire che la consapevolezza umana è parte integrante dell'equilibrio cosmico. Non un privilegio, piuttosto una responsabilità.

La scienza moderna non usa questi termini, ma nuove discipline stanno convergendo su idee affini. L'ecologia della mente di Gregory Bateson. Le teorie della complessità sociale del *Santa Fe Institute*. Gli studi sulla cooperazione umana condotti da Elinor Ostrom negli anni Novanta. Tutti, in modo diverso, raccontano lo stesso fenomeno: l'intelligenza non è mai solo individuale. È una proprietà emergente delle relazioni.

In questa visione l'umanità diventa un laboratorio vivente. Siamo la prova che l'universo può generare esseri capaci di interrogarsi sul proprio significato. Capacità fragile. Mai garantita. Ma che rivela un tratto essenziale del cosmo: la tendenza a conoscere, a riflettere, a produrre senso.

Il capitolo si chiude con una domanda che non può essere elusa. Se il cosmo genera coscienza, e se noi siamo una delle sue manifestazioni, quale tipo di mente collettiva stiamo contribuendo a creare? Una mente guidata dalla paura, dalla competizione, dalla frammentazione? O una mente capace di ampliare il campo, di riconoscere la connessione, di orientarsi verso un ordine più grande?

La risposta non è scritta nelle stelle. È scritta nelle nostre scelte. L'uomo non è al centro del cosmo, ma ha il raro privilegio di influenzarne la direzione. Una responsabilità che, forse, solo ora cominciamo davvero a capire.

X°. La coscienza collettiva umana.

Ogni essere umano pensa, sente, ricorda. Ma accanto alla mente individuale esiste una dimensione più ampia. Una mente condivisa, che cresce attraverso culture, riti, media, reti digitali. Gli antropologi la chiamano cultura; gli psicologi, dinamiche di gruppo; i sociologi, immaginario collettivo.

Oggi, grazie alla tecnologia, questa coscienza si espande oltre i confini geografici. Diventa globale, capace di reagire all'istante a un evento dall'altra parte del pianeta.

In questo capitolo esploriamo il modo in cui idee, emozioni e simboli si muovono tra le persone, fino a costruire ciò che potremmo considerare un vero campo cognitivo planetario.

Memoria culturale.

Ogni società conserva il proprio passato attraverso una memoria che non è mai solo individuale. È una memoria che si sedimenta in testi, riti, monumenti, immagini, gesti, e che permette ai gruppi umani di ricordare ben oltre la durata biologica delle generazioni. Gli studiosi la definiscono "memoria culturale": un archivio collettivo costruito consapevolmente, capace di attraversare i secoli e di modellare l'identità di un popolo. Pierre Nora la descriveva come una memoria "istituzionalizzata" nei luoghi simbolici, i "*lieux de mémoire*", nati proprio quando la modernità iniziò a temere la perdita del passato. È il caso, ad esempio, dell'Arco di Trionfo inaugurato a Parigi nel 1836, simbolo della continuità nazionale dopo le fratture rivoluzionarie.

Questa memoria non vive solo nei musei. È custodita anche nei gesti quotidiani. Lo mostrò Paul Connerton negli anni Ottanta, quando parlò di "*memoria incorporata*": il modo in cui una comunità ricorda attraverso il corpo, nelle posture, nelle cerimonie, nei modi di salutarsi. In Giappone, l'inchino rituale trasmette ancora oggi una visione antica dell'ordine sociale. In Sardegna, i canti a tenore, riconosciuti dall'UNESCO nel 2005, sono un esempio di memoria che si tramanda per imitazione diretta, senza bisogno della scrittura.

TRASMISSIONE DEI SIMBOLI.

La trasmissione passa soprattutto attraverso i simboli. I simboli sono la grammatica della memoria culturale. Conservano significati complessi in forme semplici. Permettono la continuità anche quando tutto cambia. Lo si vede nelle grandi civiltà antiche. L'*Ankh* egizio, la croce ansata che rappresentava la vita, compare nei sarcofagi del Nuovo Regno e ritorna nelle iconografie copte molti secoli più tardi. Il *Triskele* celtico, inciso sulle pietre dell'Irlanda neolitica, è oggi un emblema identitario della Bretagna e dell'Isola di Man. La loro forza sta nell'evoluzione: i simboli sopravvivono perché possono cambiare significato senza perdere la propria forma.

Accade anche nel mondo contemporaneo. Il "*Vietnam Veterans Memorial*" a Washington, inaugurato nel 1982, è un esempio di come un simbolo moderno possa diventare memoria collettiva: una lama di granito nero che restituisce identità ai nomi dei caduti e costringe i visitatori a vedersi riflessi nel dolore della storia. Persino nel digitale, la memoria culturale assume nuove forme: archivi partecipativi, storytelling online, comunità che ricostruiscono tradizioni attraverso immagini e narrazioni condivise.

Il simbolo è anche un vettore di coesione. In molte culture tradizionali, un singolo oggetto racchiude un intero sistema di valori. Gli Ojibwe del Nord America considerano il *dreamcatcher* più di un amuleto: è un frammento della cosmologia tribale, una rete che separa ciò che deve essere ricordato da ciò che può essere lasciato andare. Nei monasteri ortodossi, l'icona non è un'immagine ma una soglia, un punto di contatto tra il visibile e l'invisibile. In entrambi i casi, il simbolo trasmette una visione del mondo e un modo di abitare la realtà.

La memoria culturale funziona così: seleziona, codifica, trasmette. Non conserva tutto, ma ciò che una comunità considera essenziale. Per questo è dinamica. Cambia quando cambiano i bisogni, le tensioni, le identità. Eppure, rimane un punto di continuità. Nel libro biblico del Deuteronomio, scritto forse nel VII secolo a.C., ricorre l'imperativo "*Ricorda*", rivolto al popolo d'Israele per legare etica e memoria collettiva. Oggi, in modo diverso, continuiamo a rispondere alla stessa esigenza.

Dalla stele di Rosetta ai loghi delle metropoli globali, dai gesti rituali alle cerimonie civili, la memoria culturale è il modo con cui l'umanità dialoga con se stessa. Attraverso i simboli, racconta chi siamo e chi desideriamo diventare. E in questa continuità, fragile ma tenace, si cela forse la forma più elementare di una coscienza collettiva: il bisogno di ricordare insieme.

Campi emozionali sociali.

Le emozioni non restano mai confinate dentro un individuo. Scorrono tra le persone come correnti d'aria calda, capaci di propagarsi con una rapidità sorprendente. Quando Gustavc Le Bon pubblicò "*Psicologia delle folle*" nel 1895, descrisse un fenomeno che la scienza dell'epoca non poteva ancora dimostrare. La mente collettiva, scriveva, "*pensa in modo diverso*". In una folla, aggiungeva, l'individuo si sente sospinto da una forza più grande. Una pressione invisibile che ne orienta i comportamenti. La sua idea colpì Freud, che riprese quei temi in "*Psicologia delle masse e analisi dell'Io*" del 1921. Oggi, a distanza di un secolo, molte intuizioni di Le Bon appaiono meno speculative di quanto potessero sembrare allora.

Le neuroscienze hanno infatti svelato uno dei meccanismi di questa contagiosità emotiva: i neuroni specchio. Alla fine degli anni Novanta, nel laboratorio di Giacomo Rizzolatti a Parma, un'équipe di ricercatori li osservò per la prima volta nel cervello di un macaco. Scoprirono che alcuni neuroni si attivavano non solo quando il macaco compiva un'azione, ma anche quando vedeva un altro compierla. Quei neuroni riflettevano l'intenzione altrui. Questa scoperta offrì un fondamento biologico all'immedesimazione, alla risonanza emotiva, al contagio delle espressioni del volto o del tono della voce. Non era più soltanto psicologia delle masse. Era neurofisiologia.

DINAMICHE PSICOLOGICHE DI MASSA.

La diffusione sociale delle emozioni appare evidente nei momenti di crisi. La paura, soprattutto, viaggia veloce. Nel settembre 2008, quando la banca d'investimento Lehman

Brothers crollò, l'economia mondiale entrò in una fase di panico. I mercati reagirono come un organismo unico. Vendite a catena. Indici che scendevano in simultanea da Tokyo a New York. Analisti incapaci di contenere la tempesta psicologica. L'economia si comportò come una folla digitale. Ogni investitore guardava gli altri. Ogni movimento generava un riflesso. Non fu solo una crisi finanziaria. Fu un contagio emotivo globale.

Fenomeni analoghi si conoscono da tempo. Le curve degli stadi, con il loro ritmo ondeggiante, mostrano la stessa risonanza. Un gol all'ultimo minuto crea un'esplosione emotiva collettiva che è più della somma dei singoli entusiasmi. Chiunque sia stato al Camp Nou o a San Siro in una partita decisiva lo ha sperimentato: un'energia fisica, quasi palpabile. Le proteste di piazza funzionano allo stesso modo. Nel 1989, a Berlino Est, la caduta del Muro fu preceduta da settimane di manifestazioni in cui la speranza si alimentava di sé stessa. Le persone uscivano in strada perché vedevano gli altri farlo. L'emozione comune superava la paura individuale.

La stessa dinamica funziona anche per emozioni positive. Nel 1997, durante i funerali di Lady Diana a Londra, il cordoglio pubblico creò una sorta di campo emotivo globale. Milioni di persone davanti alle televisioni. Migliaia di mazzi di fiori lungo i cancelli di Kensington Palace. La città sembrava avvolta da un sentimento unico. Molti osservatori notarono che la morte di Diana si trasformò in un momento di identificazione collettiva, in cui il dolore si amplificava proprio grazie alla sua condivisione.

Questi fenomeni suggeriscono che le emozioni agiscono come campi. Non sono metafore poetiche. Sono reti invisibili che connettono individui e gruppi. Producono effetti concreti: cambiano il comportamento, alterano le decisioni, influenzano perfino la fisiologia. Studi condotti all'Università di Yale hanno mostrato che una persona esposta a un gruppo ansioso tende a sviluppare a sua volta risposte corporee di ansia, anche se non comprende esattamente il motivo della tensione. È come se il corpo rilevasse il clima emotivo dell'ambiente e vi si adattasse.

Le dinamiche psicologiche di massa non sono quindi un'anomalia. Sono un tratto strutturale della nostra specie. L'essere umano è interdipendente. Vive immerso in flussi emotivi continui. La nostra storia collettiva può essere letta anche come una lunga oscillazione tra campi di paura, di entusiasmo, di fiducia o di aggressività. Ogni rivoluzione, ogni crisi, ogni rinascita nasce da un clima psicologico condiviso. Da una vibrazione sociale che trascina gli individui e li coordina senza che nessuno possa davvero controllarla.

In questo senso, le folle non sono solo aggregazioni di persone. Sono sistemi emotivi complessi. Sono campi, appunto. Campi capaci di amplificare o di trasformare gli stati interni dei singoli. Capirli significa comprendere che la coscienza umana non è mai veramente individuale. È sempre in dialogo con quella degli altri. È un fenomeno collettivo, continuamente modellato dalle emozioni che circolano intorno a noi.

Internet come "campo tecnologico".

Quando Internet iniziò a diffondersi su larga scala, a metà degli anni Novanta, il sociologo Manuel Castells parlò di una trasformazione epocale. La chiamò "*società in rete*". Non era un semplice cambiamento tecnologico. Era la nascita di un nuovo ambiente cognitivo. Un campo in cui pensieri, informazioni ed emozioni venivano condivisi con una velocità mai vista prima. Nessuno, nemmeno gli ottimisti più audaci, poteva immaginare fino a che punto la rete sarebbe entrata nella vita mentale delle persone.

LA RETE COME ESTENSIONE MENTALE.

Oggi consultiamo Wikipedia per ricordare fatti che un tempo avremmo memorizzato. Usiamo Google Maps per sostituire la nostra capacità di orientamento. Chiediamo ai social media di fornirci opinioni, interpretazioni, perfino indignazioni pronte all'uso. È come se una parte dei nostri processi cognitivi fosse migrata in un'infrastruttura esterna. Una "protesi mentale" globale che opera 24 ore su 24.

Tim Berners-Lee, quando presentò il World Wide Web al CERN nel 1989, immaginava una biblioteca immensa a disposizione della comunità scientifica. In seguito, dichiarò che sperava in un "*sistema di informazione universale, libero e decentralizzato*". Non parlava di commercio, né di intrattenimento. Parlava di memoria condivisa. Il risultato, nel giro di pochi decenni, è stato qualcosa di molto più complesso. Internet ha finito per ospitare non solo dati, ma stati d'animo, conflitti, desideri. Una sorta di psiche digitale collettiva.

L'aspetto più sorprendente è la trasformazione dei social network in fiumi continui di emozioni e micronarrazioni. Ogni piattaforma, da Facebook a TikTok, raccoglie e ridistribuisce flussi emotivi. Commenti impulsivi, fotografie, notizie filtrate. La rete assorbe tutto e lo rilancia. È come una gigantesca cassa di risonanza psicologica. Alcuni studiosi paragonano questo processo alla nascita della scrittura nei sumeri, attorno al 3200 a.C. Anche allora, l'umanità trasferì una parte della sua mente su un supporto esterno. La differenza è che la scrittura era lenta, stabile, prevedibile. Internet è veloce, instabile, simultaneo.

Pierre Lévy, filosofo francese, ha definito questo fenomeno "*intelligenza collettiva*". Sostiene che la rete permette di unire conoscenze sparse in milioni di individui. Non esiste un cervello centrale. Esiste una molteplicità coordinata da connessioni. È una visione che affascina molti studiosi di cultura digitale. In alcuni progetti collaborativi, come il software open source o la costruzione di Wikipedia, questo paradigma è evidente. Migliaia di persone, sconosciute tra loro, riescono a creare opere complesse che nessuno avrebbe potuto realizzare da solo.

Ci sono episodi emblematici. Nel 2011, durante il terremoto e lo tsunami in Giappone, la rete si trasformò in un sistema di orientamento collettivo. Twitter venne utilizzato per localizzare persone scomparse, condividere informazioni sulle aree sicure, diffondere mappe aggiornate in tempo reale. La rete funzionò come un campo cognitivo distribuito. Una mente comune che elaborava dati e decisioni più rapidamente delle autorità ufficiali.

Altro esempio: il progetto SETI@home, avviato nel 1999 all'Università di Berkeley. Milioni di persone misero a disposizione la potenza inutilizzata dei loro computer per analizzare segnali radio provenienti dallo spazio. Era una collaborazione su scala planetaria che mostrava un modello di cognizione distribuita. Una forma primitiva di intelligenza collettiva computazionale.

La rete ha anche un lato simbolico. Google Earth, con il suo globo digitale navigabile, ha cambiato il modo in cui percepiamo il pianeta. Nel 2005, quando il software venne presentato, molti giornalisti notarono che era come guardare la Terra “con un occhio esterno”. Uno sguardo che nessun individuo aveva mai posseduto. Un punto di vista globale che si sta lentamente integrando nella nostra mente.

Internet, dunque, non è soltanto uno strumento. È un campo tecnologico. Una matrice di memoria, emozione e conoscenza che si intreccia con la coscienza umana. Le nostre idee si muovono nella rete, ma la rete, a sua volta, modifica la nostra forma di pensare. Diventa una estensione della mente. Un ambiente cognitivo in cui ogni individuo contribuisce con frammenti di sé, ricevendo in cambio una quantità di informazioni impossibili da contenere nella memoria biologica.

La coscienza collettiva del XXI secolo nasce anche da qui. Dalla fusione continua tra soggetti umani e infrastrutture digitali. Dalla capacità della rete di organizzare pensieri, emozioni e conoscenze in un campo condiviso che non assomiglia a nulla di ciò che le generazioni precedenti hanno conosciuto. È il primo laboratorio, su scala globale, di una mente connessa. Un fenomeno ancora in evoluzione, che sta ridefinendo i confini stessi dell’esperienza mentale.

Condivisione di stati emotivi globali.

La globalizzazione dell'informazione ha creato un nuovo spazio emotivo. Un campo in cui sentimenti e reazioni non restano più confinati nei confini nazionali. Si diffondono in pochi minuti, attraversano continenti, sincronizzano miliardi di persone. È un fenomeno relativamente recente. Prima dell'era digitale, nessun evento riusciva a raggiungere in simultanea metà dell'umanità. Oggi bastano pochi secondi.

L'11 settembre 2001 segnò uno spartiacque. Le immagini delle Torri Gemelle arrivarono in ogni casa quasi in diretta. A Londra, nelle metropolitane, le persone si fermarono davanti ai monitor delle stazioni. A Tokyo i grattacieli svuotavano gli uffici, mentre a Johannesburg la radio locale interrompeva la musica per collegarsi con New York. Per la prima volta, un'unica emozione globale si impose: incredulità. Poi paura. Fu un'esperienza collettiva, vissuta in simultanea da culture diversissime tra loro.

Lo stesso accadde nel 2020 con la pandemia. Quando l'Organizzazione Mondiale della Sanità dichiarò lo stato di emergenza globale, il panico si propagò come un'onda. Le mappe rosse dei contagi, diffuse quotidianamente, crearono un ritmo emotivo uniforme da Seul a Milano. Interi Paesi, pur distanti, sperimentarono la stessa attesa, la stessa sospensione. La sociologa Zeynep Tufekci lo definì "*un laboratorio emotivo planetario*".

Ci sono anche momenti opposti, di gioia condivisa. Nel 2006, quando l'Italia vinse i Mondiali, più di un miliardo di persone seguì la finale. Le piazze di Berlino vibravano insieme a quelle di Buenos Aires e di Shanghai. Un'emozione positiva, diffusa dalla televisione e dalle prime piattaforme digitali, trasformò un evento sportivo in un'esperienza globale. Un fisiologo come Antonio Damasio direbbe che fu "una tempesta di marcatori somatici" sincronizzati.

La costruzione di emozioni planetarie non avviene solo per cause mediate. A volte nasce dalla cultura. Nel 1997, al termine del funerale di Lady Diana, Elton John cantò "*Candle in the Wind*" davanti all'Abbazia di Westminster. La canzone venne trasmessa in diretta a più di due miliardi di spettatori. L'immagine dei fiori a Kensington Palace diventò un simbolo universale del lutto contemporaneo. Un lutto condiviso, quasi rituale, reso possibile dalla diffusione tecnologica.

FENOMENI DI SINCRONIZZAZIONE SOCIALE.

Nel corso degli ultimi decenni, alcuni gruppi di ricerca hanno provato a studiare queste sincronizzazioni emotive. Il più noto è il "*Global Consciousness Project*", fondato alla Princeton University alla fine degli anni Novanta. L'idea era audace. Analizzare le fluttuazioni di una rete di generatori di numeri casuali distribuiti nel mondo. Verificare se grandi eventi emotivi potessero produrre anomalie statistiche. Gli scienziati del progetto citarono episodi come il Capodanno del 2000, l'elezione di Barack Obama nel 2008, il Giubileo del 2012. I risultati restano controversi. Ma l'intuizione centrale affascina molti: quando miliardi di persone condividono lo stesso stato emotivo, il sistema globale sembra comportarsi in modo meno casuale.

La vera accelerazione arriva dai social media. Le piattaforme hanno trasformato la società in una rete nervosa istantanea. Le emozioni circolano alla stessa velocità dei dati. Una dichiarazione di un leader politico, un video virale, una tragedia naturale. Tutto diventa immediatamente percepibile. Si formano ondate emotive che rimbalzano da un continente all'altro. Una ricerca del MIT del 2018 mostrò che le notizie emotivamente intense, soprattutto quelle negative, si diffondono più rapidamente dei contenuti neutrali. È un meccanismo antico. Ma nella rete diventa globale.

Un esempio emblematico è la “Primavera Araba” del 2011. Le proteste iniziarono a Tunisi. In pochi giorni attraversarono l’intero Nord Africa e il Medio Oriente. Non solo per ragioni politiche. Molti sociologi notarono che lo stato emotivo – indignazione, speranza, rabbia – passava attraverso i video amatoriali pubblicati su Facebook. La sincronizzazione non avveniva solo tra manifestanti. Avveniva tra milioni di spettatori di Paesi diversi che vivevano le immagini in tempo reale.

Questi fenomeni indicano che l’umanità sta sviluppando forme nuove di coerenza emotiva. Non si tratta solo di comunicazione più rapida. Si tratta di una capacità di risuonare insieme. Di condividere ansia, entusiasmo, paura o speranza su scala planetaria. Le reti digitali hanno reso questa risonanza più intensa, più stabile, più frequente. Come se un sistema nervoso globale stesse lentamente emergendo dal tessuto connesso della società.

La sincronizzazione sociale è uno dei tratti più sorprendenti della nuova coscienza collettiva. Un campo emotivo condiviso che nasce da miliardi di nodi individuali. E che, sempre più spesso, influisce sulla politica, sull’economia, sulla cultura. È una forza invisibile. Ma ormai è diventata parte del nostro paesaggio mentale. Un fenomeno che definisce il ventunesimo secolo più di quanto siamo ancora disposti ad ammettere.

La costruzione di un campo cognitivo planetario.

Negli ultimi decenni stiamo assistendo a una trasformazione silenziosa ma profonda. Le connessioni culturali, le tecnologie digitali, la circolazione istantanea delle informazioni e la cooperazione scientifica internazionale stanno creando un ambiente cognitivo condiviso. Un campo planetario in cui la conoscenza non è più patrimonio di singoli individui o istituzioni isolate, ma nasce dall'interazione continua tra milioni di menti distribuite nel mondo.

Non si tratta di futurismo. È un fenomeno osservabile. Lo si vede nel modo in cui la scienza collabora. Uno degli esempi più chiari risale al gennaio 2020, quando il laboratorio di Shanghai guidato da Zhang Yongzhen sequenziò il genoma del SARS-CoV-2. Poche ore dopo, i dati vennero caricati su un archivio aperto, accessibile ai ricercatori di qualsiasi Paese. Nel giro di due settimane, laboratori in Europa, Stati Uniti e Australia svilupparono i primi prototipi di test diagnostici. La cooperazione fu così rapida che il biologo Kristian Andersen del Scripps Research Institute la descrisse come "*un'intelligenza in sciame*".

Non è un caso isolato. L'astronomia moderna funziona ormai come un'unica mente globale. Le immagini del buco nero M87*, rese pubbliche nel 2019, sono il risultato di otto telescopi sincronizzati su diversi continenti. Dall'Antartide alle Hawaii. Nessun osservatorio avrebbe potuto ottenere da solo quei dati. Il risultato fu possibile solo grazie a un metodo di lavoro distribuito, che il team dell'"*Event Horizon Telescope*" definì "una rete cognitiva planetaria".

Anche nel campo della cultura la convergenza è evidente. Wikipedia, lanciata nel 2001, è diventata una delle più grandi imprese collettive della storia umana. Non ha un autore riconoscibile. Ha migliaia di contributori sparsi ovunque. Nel 2023 ha superato i 60 milioni di voci. Molte sono scritte in lingue minoritarie e vengono consultate da studenti africani, lavoratori sudamericani, monaci del sud-est asiatico. È la dimostrazione concreta che un'enciclopedia mondiale può vivere senza un centro di comando.

La nascita di un'intelligenza collettiva.

Negli anni Novanta, Pierre Lévy aveva previsto tutto questo. Parlava di una "intelligenza collettiva" capace di valorizzare le competenze distribuite. Oggi la sua visione è diventata un processo quotidiano. La comunità open source, dagli sviluppatori di Linux ai creatori di Blender, lavora come una grande officina transnazionale. Ogni programmatore contribuisce con un tassello. Ogni versione del software è il risultato di questa cooperazione diffusa.

A volte il processo assume forme meno visibili, ma altrettanto cruciali. La rete degli organismi meteorologici internazionali, nata nel 1951 con la creazione della "*World Meteorological Organization*", elabora dati raccolti da stazioni sparse in più di cento Paesi. Questo sistema permette di prevedere tempeste, monitorare cicloni, calcolare l'impatto climatico. È un esempio di cognizione collettiva applicata alla sopravvivenza.

Alcuni studiosi ritengono che l'evoluzione stia andando verso una "*noosfera digitale*". Il termine fu coniato negli anni Venti dal filosofo russo Vladimir Vernadskij e dal gesuita Pierre Teilhard de Chardin. Immaginavano un guscio mentale che avvolgesse la Terra, prodotto dall'interazione degli esseri umani. Una sfera della conoscenza, oltre quella biologica. Oggi quell'immagine sembra meno metaforica. La rete globale, la cooperazione scientifica e la circolazione immediata delle idee formano un ambiente cognitivo esteso che nessuna epoca precedente avrebbe potuto concepire.

Cosa accade all'individualità?

L'intelligenza collettiva non annulla l'individualità. La potenzia. Agisce come una rete neurale. Ogni persona è un nodo, ogni informazione è una sinapsi. Le tecnologie digitali svolgono il ruolo di mielina, accelerando la trasmissione dei segnali. Gli upgrade tecnologici, dalle fibre ottiche all'intelligenza artificiale, non creano la coscienza collettiva. La rendono più efficiente.

Il vero interrogativo riguarda l'identità. Che cosa significa essere umani in un mondo in cui la conoscenza non è più prodotta da singoli individui, ma dall'interazione dinamica di milioni di coscienze? La partecipazione a un campo cognitivo planetario modifica la percezione di sé. Trasforma la nostra idea di autonomia, responsabilità, collaborazione. Ci spinge a immaginare la mente non come un contenitore privato, ma come un punto di accesso a un sistema molto più grande.

È forse questa la più grande rivoluzione silenziosa del XXI secolo. Non la semplice connessione digitale. Ma l'emergere di un'intelligenza condivisa, un campo cognitivo planetario che ridefinisce i confini del pensiero e prepara una nuova fase dell'evoluzione mentale dell'umanità.

XI°. Etica e spiritualità.

Se la coscienza è un campo condiviso, se ogni mente partecipa a una rete più ampia che attraversa individui, culture e persino la struttura stessa dell'universo, allora cambiano molte cose. Cambia il modo in cui ci percepiamo. Cambia il modo in cui concepiamo la responsabilità. Cambia il nostro rapporto con la spiritualità, con la cura psicologica, con la morte.

Le implicazioni non sono marginali. Sono profonde. Riguardano tanto la vita quotidiana quanto l'organizzazione della società.

Questo capitolo esplora tali conseguenze senza dogmatismi, seguendo un filo narrativo che unisce filosofia, psicologia, storia delle religioni e scienza contemporanea.

Identità personale e identità universale.

Se accettiamo l'idea che la coscienza funzioni come un campo, il sé non appare più come un'isola. Diventa un punto di emergenza, un vortice temporaneo in un processo più ampio. William James, già alla fine dell'Ottocento, descriveva la coscienza come "una corrente", mai identica a se stessa, mai davvero separata da ciò che la circonda. È un'immagine sorprendentemente moderna. Anticipa intuizioni che la psicologia, le neuroscienze e le tradizioni contemplative hanno sviluppato nel corso del Novecento.

Le filosofie orientali avevano colto questo aspetto molto prima. Il buddhismo parla di *anattā*, il "*non-sé*". Non come negazione dell'individualità, ma come osservazione della sua natura relazionale. L'io è un insieme di processi in continua interazione: sensazioni, pensieri, memorie, contesti. In Asia, questa idea è diventata una pratica culturale. A Kyoto, durante la cerimonia del tè, il gesto ripetuto lentamente invita a percepirsi come parte dell'ambiente. Non si è solo un individuo che compie un gesto. Si diventa un nodo di una relazione che coinvolge l'ambiente, gli utensili, il tempo stesso.

In Occidente, un'eco di questa visione è presente in molte correnti psicologiche del Novecento. Carl Rogers, uno dei padri della terapia umanistica, notava che "la persona diventa autentica quando riconosce la propria continuità con gli altri". Non parlava di dissoluzione dell'io. Parlava di un io più ampio, capace di includere le relazioni invece di difendersi da esse.

La vita quotidiana conferma questa intuizione. Si vede nell'esperienza dell'amicizia profonda, quando i confini tra il proprio mondo interno e quello dell'altro diventano permeabili.

Si vede nei momenti collettivi di creatività. Paul McCartney raccontava che alcune melodie dei Beatles sembravano "*arrivare da un luogo condiviso*". Non come ispirazioni individuali, ma come qualcosa che "aspettava di essere ascoltato". Sono testimonianze che, pur senza pretese teoriche, descrivono una dimensione dell'identità meno individualistica e più partecipativa.

Un esempio diverso proviene dalla storia dell'arte. Quando Kandinskij dipinse "*Composizione VII*" nel 1913, parlò di "*forze interiori che non appartengono solo a me*". Nelle sue lettere da Monaco scriveva di una "armonia universale" che l'artista può intercettare. È un linguaggio simbolico. Ma riflette l'idea che l'atto creativo non sia solo un gesto personale, bensì l'espressione di qualcosa che si muove oltre l'individuo.

Se la coscienza è un campo, allora il sé è poroso. Non perde la sua unicità. Ma questa unicità non è separazione. È relazione. Come la cellula mantiene la propria identità pur essendo parte di un organismo, così l'individuo mantiene la propria specificità pur essendo una articolazione di un campo più vasto.

IL SÉ COME PARTE DI UN TUTTO.

Questo cambia la percezione della nostra identità. Riduce il peso della solitudine ontologica che ha dominato la cultura occidentale moderna. L'io non è uno spazio chiuso. È un processo di scambi, di risonanze, di influenze reciproche. Il filosofo Martin Buber lo intuì nel 1923, quando scrisse "*l'Io diventa Io nel Tu*". Non parlava di dipendenza affettiva. Parlava di una struttura dell'essere. Una struttura dialogica. Un campo di relazione.

È possibile notarlo anche nell'esperienza del viaggio. Chi attraversa il deserto del Sahara, o le distese dell'Islanda, racconta spesso una sensazione curiosa. La percezione di essere meno un soggetto e più un punto in un paesaggio immenso. Il geologo francese Théodore Monod, che trascorse decenni tra Mauritania e Mali, scriveva che nel deserto "l'io si allarga fino a coincidere con l'orizzonte". È un'esperienza estrema. Ma illumina un principio: l'identità è plastica. Si dilata in base al campo in cui si muove.

In questa prospettiva, il sé individuale non è un'entità autonoma. È un luogo di convergenza. Un punto di vista temporaneo attraverso cui il campo di coscienza prende forma. Questa visione non toglie valore all'individualità. Anzi, la rafforza. La rende parte di un'interezza. La colloca in una continuità che va oltre la biografia personale.

Il sé come parte di un tutto non è un'idea mistica. È una descrizione possibile dell'esperienza umana quando viene osservata senza riduzionismi. Ogni persona è un centro di vita, ma non è mai separata dal tessuto che la sostiene. È una scintilla unica, inscritta in una luce più ampia, una luce che attraversa la storia, le culture, le relazioni. Una luce che, forse, siamo solo all'inizio di comprendere.

Etica della interconnessione.

Quando riconosciamo che la coscienza non è un dispositivo isolato, ma un campo condiviso, il terreno dell'etica cambia. Non siamo più individui che agiscono dentro confini personali. Siamo partecipanti di un sistema. Ogni gesto diventa un'onda che si propaga. Ogni pensiero diventa un contributo, consapevole o meno, all'ambiente mentale collettivo.

Una delle prime figure moderne a mostrarne le conseguenze pratiche fu Rachel Carson. Nel 1962, con "*Silent Spring*", rivelò come i pesticidi attraversassero i confini invisibili tra specie diverse. Un prodotto chimico spruzzato in un campo della Pennsylvania poteva alterare la vita di un falco a centinaia di chilometri. Carson mostrò che l'interdipendenza non era un concetto poetico. Era un fatto ecologico. Una trama reale, fatta di connessioni e catene di effetti. Quel libro diede origine a un nuovo modo di pensare l'etica ambientale. Non più basata sul divieto. Ma sulla consapevolezza di essere parte di un ecosistema.

Responsabilità e consapevolezza.

Oggi quell'intuizione si estende anche alla dimensione umana. Le neuroscienze sociali lo confermano. Il lavoro di Tania Singer, all'Istituto Max Planck di Lipsia, conferma come le emozioni altrui attivino aree cerebrali specchio, secondo gli studi del gruppo di Giacomo Rizzolatti, Leonardo Fogassi e Vittorio Gallese all'Università di Parma. La risonanza emotiva non è una metafora. È un fenomeno fisiologico. Quando una persona prova ansia, chi le sta vicino registra microvariazioni nei propri parametri corporei. Lo stesso accade con la calma. È come se le emozioni fossero campi che si intrecciano.

Anche la sociologia racconta qualcosa di simile. Nel 1998 lo studioso Nicholas Christakis, analizzando migliaia di dati del "*Framingham Heart Study*", scoprì che stati emotivi come la felicità si propagano nelle reti sociali fino a tre gradi di separazione. Un amico di un amico può influenzare il nostro benessere. Non per magia, ma attraverso comportamenti, linguaggi, piccoli segnali che costruiscono un clima condiviso. La responsabilità delle nostre scelte assume così una dimensione nuova. Ogni decisione personale contribuisce alla qualità della vita collettiva.

Anche la filosofia contemporanea insiste su questo punto. Hans Jonas, nel 1979, pubblicò "*Il principio responsabilità*". Aveva in mente i rischi della tecnologia. Sosteneva che l'etica non può più limitarsi all'oggi. Deve considerare gli effetti sulle generazioni future. Martha Nussbaum parla di "etica della vulnerabilità". Ricorda che gli esseri umani sono interdipendenti e che la cura reciproca è una forma di giustizia. Entrambi descrivono un mondo in cui le azioni individuali danno forma all'ambiente umano.

Il paradigma del campo di coscienza rafforza questa intuizione. Non viviamo in bolle separate. Siamo nodi di una rete continua. Ogni scelta, anche la più quotidiana, si riflette nel campo condiviso. Un esempio semplice si vede nelle città. A Copenhagen, dagli anni Novanta, la scelta di incentivare la mobilità in bicicletta ha trasformato il clima sociale. Meno rumore. Meno inquinamento. Strade più lente. La città è diventata un luogo più sereno. Un luogo che influenza il modo in cui le persone si percepiscono. È un caso concreto in cui una politica pubblica modifica il campo psichico collettivo.

La consapevolezza dell'interconnessione non porta a una morale del sacrificio. Porta a una etica della co-creazione. Ogni persona contribuisce a plasmare il mondo che abita. Questo è evidente nei momenti di mobilitazione civile non violenta. Nel 2019, quando giovani in decine di Paesi si radunarono per chiedere politiche climatiche più ambiziose, molte testimonianze parlavano di un'esperienza simile. La sensazione di "far parte di qualcosa". Di essere un'unica voce, distribuita ma coordinata. Non era solo protesta. Era un'esperienza di responsabilità collettiva.

L'etica dell'interconnessione richiede consapevolezza. Una consapevolezza che non si limita a conoscere i fatti. È la capacità di percepire l'effetto delle proprie azioni nel campo più ampio. Richiede attenzione, come nelle arti marziali tradizionali. Nel dojo di Aikido di Iwama, in Giappone, il maestro Morihiro Saito ripeteva ai suoi allievi che "*ogni gesto porta un'eco nel mondo*". Una frase semplice. Ma racchiude un principio universale. Ogni atto, piccolo o grande, modella il contesto che ci ospita.

In questa prospettiva, la responsabilità non è un peso. È una forma di partecipazione, un modo per riconoscere che il mondo non ci è estraneo. È un organismo a cui apparteniamo. E il campo di coscienza ne è il tessuto invisibile.

Così nasce un'etica nuova. Non fondata su imperativi. Ma sulla consapevolezza che ogni gesto contribuisce al disegno comune. E che, in ogni istante, stiamo co-creando il mondo insieme agli altri.

Spiritualità laica.

La spiritualità non ha bisogno di altari. Non ha bisogno di riti codificati né di appartenenze religiose. Può nascere semplicemente dal desiderio di comprendere il proprio posto nel mondo. Albert Camus lo aveva intuito ne "*Il mito di Sisifo*", pubblicato nel 1942. In quelle pagine parla di un uomo che, anche in un universo apparentemente indifferente, continua a cercare un senso. Non un senso imposto dall'esterno. Un senso che nasce dal vivere stesso.

Oggi molte persone si avvicinano a forme di spiritualità laica senza definirle tali. C'è chi la trova nella meditazione, praticata nei parchi pubblici di New York al mattino presto. C'è chi la scopre camminando sulle Dolomiti, dove il silenzio delle rocce sembra sciogliere la rigidità dell'io. C'è chi la riconosce nell'arte. In un museo di Amsterdam, davanti ai paesaggi di Van Gogh, alcuni visitatori parlano di un'emozione che li "attraversa". Non è religione. È l'esperienza di una presenza interiore.

RISCOPERTA DEL SENSO.

La cura dell'altro può diventare un'altra forma di spiritualità laica. Negli ospedali di Montréal, alcuni programmi di volontariato affiancano pazienti che non hanno famiglia. I volontari descrivono l'esperienza come "una connessione profonda". Una connessione che non ha nulla di mistico. È un contatto diretto con la vulnerabilità umana. È un modo per ricordare che il senso spesso nasce da gesti piccoli, concreti, quotidiani.

L'idea della coscienza come campo offre una cornice teorica che permette di comprendere queste esperienze. È una cornice che tiene insieme razionalità e interiorità. Non richiede dogmi. Non pretende credenze metafisiche. Propone una visione in cui ogni individuo è parte di un processo condiviso. Una continuità viva che attraversa la mente, la natura, le relazioni.

Le neuroscienze aiutano a leggere questo fenomeno con uno sguardo contemporaneo. Negli anni Duemila, Richie Davidson ha pubblicato studi condotti all'Università del Wisconsin che mostrano come la meditazione modifichi le reti cerebrali. Le persone allenate alla consapevolezza sviluppano una maggiore coerenza tra le aree legate all'attenzione e quelle legate all'empatia. È come se il cervello diventasse più aperto. Più sensibile alla relazione. Davidson parla di "*plasticità contemplativa*". È un termine tecnico. Ma allude a qualcosa di molto umano: la possibilità di sentirsi parte di un tutto senza rinunciare alla propria individualità.

Questa spiritualità laica non cerca paradisi lontani. Non guarda verso un aldilà. Si radica nel presente. Nei cammini lenti. Nelle conversazioni profonde. Nell'esperienza di un tramonto sul Mar Egeo, quando il confine tra il paesaggio esterno e l'emozione interna sembra dissolversi. In Grecia, alcuni viaggiatori parlano di "un attimo sospeso". Non serve credere in nulla. Basta essere presenti.

È un modo nuovo, e allo stesso tempo antichissimo, di abitare il mondo. Molti filosofi antichi lo avevano intuito. Epitteto, nel I secolo d.C., insegnava che "*noi siamo parte di una grande città, la città degli dei e degli uomini*". Non era una credenza religiosa. Era la percezione di un'appartenenza più vasta. Una cittadinanza cosmica. Una responsabilità condivisa.

Oggi questa intuizione ritorna. Non in forme dogmatiche. Ma come esigenza culturale. Come risposta a un'epoca segnata da frammentazione e accelerazione. La spiritualità laica diventa allora un punto di equilibrio. Un luogo interiore in cui la persona ritrova coerenza. Ritrova profondità. Ritrova un senso che non dipende dal successo individuale, ma dalla partecipazione a un campo di vita più grande.

Nel contesto di un campo di coscienza, questa spiritualità assume una forma semplice. È l'esperienza di essere parte di un processo dinamico. Un processo che unisce la mente, il corpo, la natura, gli altri esseri umani. Un processo che non ha bisogno di definizioni teologiche per essere reale.

È una spiritualità che non chiede di credere. Chiede di sentire. Chiede di essere presenti. Chiede di riconoscere che il senso non è un oggetto da trovare. È un movimento. Un flusso. Una continuità che ci attraversa. E che, forse, ci unisce più di quanto immaginiamo.

Implicazioni per la psicoterapia.

Se la mente non è un'isola, anche la psicoterapia cambia forma. Negli ultimi quarant'anni, la clinica psicologica ha attraversato una trasformazione silenziosa. Non ci si accontenta più di analizzare pensieri o comportamenti. Si osserva come il corpo risponde agli altri. Si studia come la relazione modifica la fisiologia. Si comprende che il contesto non è lo sfondo della sofferenza, ma il suo respiro.

La teoria polivagale di Stephen Porges, formulata negli anni Novanta, ha dato impulso a questa rivoluzione. Porges mostrò che il nostro sistema nervoso non reagisce solo a minacce fisiche. È sensibile a segnali sottili. Tono della voce. Espressioni del volto. Movimenti del corpo. Elementi che compongono un "campo di sicurezza" o un "campo di minaccia". In alcuni centri terapeutici di Boston, i clinici utilizzano queste idee per modulare la seduta stessa: parlano più lentamente, regolano la distanza, creano un clima che permette al sistema nervoso del paziente di tornare in uno stato di apertura. La cura comincia da un campo relazionale.

Peter Levine, con la sua terapia somatica, ha introdotto un'altra intuizione decisiva. Le memorie traumatiche non restano solo nella mente. Risuonano nel corpo. Levine racconta spesso un episodio avvenuto negli anni Settanta, durante un convegno a Berkeley: osservò una donna che, parlando del suo incidente automobilistico, irrigidiva le spalle come se fosse ancora al volante. Era un gesto automatico. Ma conteneva una storia. Da quella osservazione nacque un metodo che lavora sulle micro-tensioni, sugli impulsi incompiuti, sulle risposte corporee congelate. In molti casi, la guarigione avviene quando il corpo "completa" un movimento trattenuto da anni.

Jon Kabat-Zinn, alla fine degli anni Ottanta, portò un'altra prospettiva. Integrare la mindfulness nella terapia cognitiva significava aprire una finestra sull'esperienza globale. Le prime ricerche, condotte al "*Medical Center*" del Massachusetts nel 1982, mostrarono che la consapevolezza riduceva il dolore cronico e migliorava la regolazione emotiva. Non era religione. Non era filosofia orientale importata in Occidente. Era un metodo pragmatico per abitare la propria esperienza senza esserne travolti.

Nuovi modelli di cura integrata.

Dentro questa evoluzione emerge un'idea più ampia: la mente non è solo personale. È connessa. È attraversata da influenze sottili. È inserita in un campo più grande. Se si accetta questa visione, la sofferenza non appare più come un guasto interno da riparare. Diventa un disallineamento. Una perdita di risonanza. Come una nota stonata in un'orchestra.

La cura, allora, non è solo introspezione. È riconnessione. In alcuni programmi sviluppati a Copenaghen, i terapeuti lavorano con interi nuclei familiari. Usano tecniche di dialogo aperto. Non cercano un colpevole. Cercano un ritmo. Cercano un equilibrio che permetta al sistema familiare di respirare come un unico organismo. I risultati, pubblicati nel 2015, mostrano una riduzione significativa delle ricadute psicotiche nei pazienti giovani.

In America Latina stanno nascendo modelli ancora più integrati. Il "*Centro de Estudios de Comunidad*" a Santiago del Cile lavora unendo gruppi terapeutici, educazione, interventi culturali e rituali comunitari. La psicoterapia diventa parte della vita collettiva. Lo psicologo cileno Rodrigo Gutiérrez racconta che, in alcuni casi, una seduta si svolge camminando in quartiere. Le persone mostrano luoghi importanti della loro storia. La città diventa un'estensione della mente. Uno spazio di memoria. Un campo emotivo condiviso.

Questa idea si avvicina alla prospettiva dei campi di coscienza. Le ferite non vengono eliminate. Vengono integrate. La persona non viene isolata. Viene riportata nella trama da cui proviene. Nel 2020, in alcune cliniche di Melbourne, sono state avviate terapie integrate che includono meditazione, attività artistiche e pratiche di contatto con la natura. Non come "complementi", ma come parti costitutive della cura. Il terapeuta lavora con più linguaggi. Linguaggi che rinforzano la continuità tra individuo, ambiente e comunità.

In questo senso la psicoterapia non è più una stanza chiusa. Diventa uno spazio aperto. Uno spazio che comprende reti sociali, culture, relazioni domestiche, e anche pratiche contemplative. È un movimento che restituisce alla cura una dimensione più ampia. Una dimensione che risuona con l'idea di un campo di coscienza: un campo che ci avvolge, ci modella e, in molti casi, ci guarisce insieme.

È una psicoterapia che non si limita a "curare". Cerca di riconnettere l'essere umano al mondo che lo sostiene. Un mondo che, forse, non è mai stato esterno, ma solo dimenticato.

Cosa cambia nella percezione della morte.

La morte è il confine supremo. Ogni civiltà ha cercato di descriverlo, di attraversarlo con l'immaginazione o con i rituali. Nel *Bardo Thödol*, il Libro tibetano dei morti, si parla di una transizione. Non è una fine, ma un passaggio di stati. Un movimento della coscienza attraverso paesaggi interiori. La lettura del testo, che un lama recita accanto al morente, non è simbolica. È un accompagnamento. Un modo per sostenere un processo che, per la tradizione himalayana, non appartiene solo al corpo.

In Grecia il viaggio era diverso. Omero descrive l'Ade come una valle d'ombre. Un luogo attraversato da anime che conservano qualcosa della loro identità, ma senza la forza della vita. Achille, nell'Odissea, dice a Ulisse che preferirebbe essere un servo sulla Terra piuttosto che un re fra i morti. Una frase che ancora oggi impressiona. Mostra come gli antichi guardassero alla morte con una malinconia severa. Una perdita di presenza. Un allontanamento dal mondo condiviso.

La modernità ha spostato questo confine. L'ha reso invisibile. La morte è stata confinata nelle corsie degli ospedali. Ha perso i suoi riti. Ha perso la comunità che un tempo la circondava. Philippe Ariès, storico francese, lo osservò già negli anni Settanta. Parlò di una "domesticazione al contrario". La morte, un tempo vissuta in casa e accompagnata da vicini e familiari, è diventata un fatto tecnico. Chirurgia. Monitor. Linee che si appiattiscono.

La visione della coscienza come campo introduce un'altra prospettiva. Non afferma la sopravvivenza personale. Non costruisce dogmi. Ma apre una domanda. Cosa accade se la coscienza non è solo prodotto del cervello? Cosa accade se il cervello è un'interfaccia, e non il generatore?

CONTINUITÀ DELLA COSCIENZA.

Le ricerche sulle esperienze di premorte sono uno dei terreni più discussi. Pim van Lommel, cardiologo olandese, pubblicò nel 2001 sul Lancet uno studio che fece scalpore. Alcuni pazienti dichiaravano di avere avuto esperienze lucide in momenti in cui l'elettroencefalogramma era piatto. Non erano visioni confusionali. Raccontavano dettagli verificabili, luci, voci. A volte conversazioni avvenute nella sala operatoria, quando i medici li consideravano clinicamente non responsivi. Van Lommel non diede interpretazioni mistiche. Disse soltanto che la coscienza potrebbe non spegnersi quando si spegne l'attività cerebrale misurabile. E questo basta per spostare una prospettiva. Basta per rendere la morte meno monolitica. Meno definitiva.

Le neuroscienze non hanno una risposta conclusiva. Ma l'idea della coscienza come campo offre un'immagine nuova. In un campo, nulla scompare del tutto. Si trasforma. Cambia stato. Cambia configurazione. Le memorie non evaporano: restano depositate nelle strutture che abbiamo toccato, nelle relazioni che abbiamo intrecciato, negli atti che hanno modificato la vita degli altri.

È una forma di continuità non religiosa. Una continuità fatta di effetti, di risonanze. L'antropologo Clifford Geertz, negli anni Sessanta, la chiamava "trama di significati". Un tessuto in cui ogni individuo lascia un'impronta. Piccola o grande non importa: resta.

Alcune culture hanno espresso questa idea con immagini potenti. In Giappone c'è il concetto di *kegare*, l'impurità legata alla morte che deve essere purificata attraverso rituali comunitari. Non è paura del defunto. È riconoscimento del passaggio. Del cambiamento di stato. In Messico, durante il "*Día de los Muertos*", la morte non è separazione. È un ritorno simbolico. Una visita. Gli altari domestici, con fotografie e candele, mostrano che la persona continua a esistere nella memoria collettiva. Non come spirito. Come presenza che genera significato.

L'idea di un campo di coscienza permette di rileggere tutto questo senza metafisica obbligatoria. Si può immaginare la morte come una trasformazione della presenza. Una dispersione nell'insieme più ampio. Un trasferimento di risonanza. Non c'è bisogno di postulare un "io" che sopravvive intatto. È sufficiente riconoscere che la coscienza, se è campo, non dipende interamente dal corpo che la manifesta.

La continuità allora non è promessa, è osservazione. Sta nelle memorie condivise, nei gesti che hanno modificato vite, nelle idee che continuano a circolare. Quando si dice che una persona "vive nei suoi figli", o "nella sua opera", spesso sembra una metafora consolatoria. Ma in una prospettiva di campo acquista un altro spessore. Ciò che siamo stati continua a vibrare nelle relazioni che abbiamo attivato.

Forse è questo che cambia davvero nella percezione della morte. Non diventa un evento meno doloroso. Ma diventa meno opaco. Meno chiuso. Non è più un muro. È una soglia. Una transizione verso un modo diverso di partecipare al campo comune.

Guardare la morte così non elimina la paura. Ma restituisce profondità. E permette di considerare la fine non come annullamento, ma come trasformazione. Una trasformazione che continua a parlare attraverso ciò che abbiamo lasciato nel mondo. Una continuità che non ha bisogno di eternità, ha bisogno solo di risonanza.

La nascita di un'intelligenza collettiva.

Il percorso di questo libro conduce a un punto di convergenza. L'essere umano non pensa mai da solo. Anche quando è convinto di farlo. Ogni idea porta con sé tracce di altre menti, tradizioni, scoperte, lingue, metodi. L'antropologia culturale lo mostra da decenni. L'umanità vive dentro un'immensa rete di significati condivisi. Una rete in continua espansione.

Oggi questa rete vive una trasformazione accelerata. Le tecnologie digitali hanno creato un ecosistema nuovo. Un luogo in cui informazioni, immagini e intuizioni si muovono con velocità planetaria. Il sociologo Manuel Castells lo definì, già negli anni Novanta, "lo spazio dei flussi". Un territorio non geografico, ma connettivo. Un ambiente in cui milioni di persone collaborano senza conoscersi. Senza incontrarsi. Eppure, producono conoscenza.

Un esempio evidente è il "Progetto Genoma Umano". Tra il 1990 e il 2003 venti laboratori in sei paesi diversi lavorarono come se fossero un'unica mente distribuita. Condivisero sequenze, algoritmi, protocolli. Ogni risultato veniva caricato in un database pubblico. La velocità del progresso superò ogni previsione. Nel 2000 Bill Clinton presentò i primi risultati alla Casa Bianca. Disse che era "*la mappa del codice con cui Dio ha creato la vita*". Una frase che mostrava non solo l'emozione politica, ma la percezione di una svolta epocale. Un risultato ottenuto da un'intelligenza collettiva prima ancora che da singoli scienziati.

Lo stesso accade nelle scienze astronomiche. Il radiotelescopio "*Atacama Large Millimeter Array*," in Cile, non è gestito da un'unica équipe. È il prodotto del lavoro coordinato di tre continenti. Centinaia di esperti contribuiscono a una visione comune. Una visione impossibile da produrre individualmente. L'immagine del buco nero M87*, resa pubblica nel 2019, fu il frutto di una collaborazione globale. Mille scienziati, otto osservatori sparsi nel mondo. Tutti sincronizzati come neuroni in un'unica rete. L'astrofisica Katie Bouman definì quel risultato "*una prova del potere della cooperazione umana*".

Questi esempi non sono solo storie di successo. Mostrano una tendenza. Le reti umane si comportano sempre più come sistemi cognitivi complessi. Non sono semplici aggregati di individui. Producono insight che nessuna mente solitaria potrebbe generare.

Anche la cultura popolare lo ha intuito. Negli anni Settanta il biologo britannico Lyall Watson propose l'episodio, discusso ma suggestivo, della "*scimmia numero cento*". L'idea era semplice: quando una soglia critica di individui apprende un comportamento, l'intera popolazione lo acquisisce improvvisamente. Non era una dimostrazione scientifica, ma un'immagine potente. Un modo per dire che l'apprendimento può diffondersi come un campo.

Con l'avvento di internet questo modello si è consolidato nella realtà. Wikipedia è un esempio straordinario. È nata nel 2001 come esperimento di scrittura collaborativa. Oggi è il più grande progetto enciclopedico mai realizzato. Non ha un autore principale. Non ha una redazione centrale. Funziona perché milioni di persone contribuiscono a mantenere un organismo informativo vivente. In continuo aggiornamento. In continua rielaborazione. È una forma embrionale di intelligenza collettiva.

Ma il fenomeno non si limita alla tecnologia. Esiste anche nei movimenti sociali. L'esempio già citato della Primavera Araba, nel 2011, mostrò come idee ed emozioni potessero diffondersi in modo sincrono tra città e stati. Ma si può citare anche il movimento MeToo del 2017.

Per anni le denunce di molestie e abusi erano episodiche, isolate e spesso ignorate. Quando l'attrice Alyssa Milano rilanciò l'hashtag #MeToo dopo il caso Harvey Weinstein, migliaia di donne iniziarono a condividere pubblicamente esperienze simili. In pochi giorni, l'hashtag raggiunse decine di milioni di post nel mondo. Il movimento superò una soglia critica: non era più un insieme di testimonianze individuali, ma un fenomeno sociale globale. Questo portò a conseguenze concrete: dimissioni di figure pubbliche, cambiamenti nelle politiche aziendali, nuove leggi contro le molestie in diversi paesi.

Si potrebbero citare altri esempi: *Fridays for Future*, o le proteste di Hong Kong 2019. Il politologo Zeynep Tufekci parlò di "*capacità collettive emergenti*". Energie sociali che si organizzano senza una gerarchia tradizionale, governate da dinamiche di campo, più che da singoli leader.

Se accettiamo che la coscienza sia un campo psichico condiviso, allora l'intelligenza collettiva non è un effetto collaterale. È un esito naturale. È il risultato di menti che si sintonizzano. Che risuonano tra loro. Che integrano informazioni a livelli mai visti.

Questa trasformazione non annulla l'individuo. Lo amplia. Lo rende un nodo di un sistema più grande. Offre un supplemento di libertà, ma anche di responsabilità. Ogni contributo entra in un flusso comune. Ogni idea può propagarsi. Ogni emozione può influire su comunità lontane. Nel bene e nel male. Forse l'umanità sta entrando in una fase nuova. Un momento in cui la coscienza non sarà più soltanto personale. Diventerà comunicante, distribuita, capace di pensare su scale collettive. Gli algoritmi di oggi mostrano già un'anticipazione di questa transizione. Ma la dimensione tecnica non basta. Serve una dimensione etica. Una nuova alfabetizzazione emotiva e cognitiva. Un nuovo modo di abitare il campo comune.

XII°. Una nuova mappa della mente.

Ogni viaggio richiede una mappa. Questo libro ne ha proposta una nuova, ispirata alle scoperte scientifiche, alle intuizioni filosofiche e alla trasformazione tecnologica del nostro tempo. Una mappa che non pretende di essere definitiva, ma che prova a descrivere una mente più ampia di quella che abbiamo immaginato finora. Una mente fatta di individui e relazioni, di biologia e cultura, di memoria e presenza. In questa conclusione raccogliamo i fili del percorso e guardiamo oltre l'orizzonte, verso ciò che potremmo diventare come specie pensante.

Riepilogo delle tesi.

Guardando indietro al percorso compiuto nei capitoli precedenti, emerge un filo rosso. La coscienza non è un'entità isolata. Non è un monologo interiore. È un processo esteso che prende forma nell'incontro tra cervello, ambiente e cultura. Si muove lungo traiettorie condivise. Si insinua nei linguaggi, abita le relazioni. E oggi si propaga anche attraverso le tecnologie che amplificano la nostra capacità di percepire, ricordare e creare.

L'antropologia lo aveva intuito già nel Novecento. Marcel Mauss parlava delle "*tecniche del corpo*", mostrando come persino i gesti più banali – il modo di camminare, di salutare, di sollevare un peso – siano prodotti collettivi. Non appartengono all'individuo. Appartengono alla comunità che li ha modellati. È un esempio chiaro di come la coscienza personale venga formata da un campo di pratiche condivise.

Le neuroscienze hanno ampliato questa intuizione. Negli anni Duemila gli esperimenti condotti all'Università di Parma da Giacomo Rizzolatti e dal suo gruppo hanno mostrato il funzionamento dei neuroni specchio. Un sistema che si attiva non solo quando agiamo, ma quando osserviamo altri agire. È una prova elegante di come il cervello sia costruito per l'interconnessione. Non pensa da solo. Risponde al mondo sociale come se il mondo fosse parte integrante della sua attività interna.

Anche la sociologia ha fornito indizi importanti. Gustave Le Bon, nell'Ottocento, fu tra i primi a descrivere le emozioni collettive. Ma sono stati gli studi più recenti, come quelli di Randall Collins, a mostrare come le interazioni faccia a faccia generino stati emotivi condivisi. Collins parla di "*catene rituali*". Momenti in cui gruppi di persone, sincronizzando gesti ed emozioni, producono energia sociale. Una forma di coscienza amplificata, temporaneamente più grande dei singoli che la compongono.

A questo si è aggiunta la rivoluzione tecnologica. Il 12 marzo 1989 Tim Berners-Lee, allora ricercatore al CERN di Ginevra, presentò il documento intitolato "*Information Management: A Proposal*". In quel testo descriveva l'idea di un sistema ipertestuale distribuito che sarebbe poi diventato il *World Wide Web*. Non era solo un sistema informatico. Era una nuova estensione della mente. Una rete capace di connettere milioni di individui in un'unica trama di informazione. Da allora la tecnologia ha continuato a funzionare come una protesi cognitiva. Un archivio comune. Una memoria esterna che espande il campo della coscienza umana oltre i limiti biologici.

Tutti questi fenomeni, considerati insieme, delineano un'immagine coerente. La coscienza non è confinata nella scatola cranica. Non è un oggetto, ma un movimento. Una dinamica emergente che coinvolge il cervello, il corpo e tutto ciò che li circonda. I simboli che utilizziamo. Le comunità di cui facciamo parte. Le storie che ci raccontiamo. Le tecnologie che costruiamo per pensare meglio.

Il linguista George Lakoff ha sintetizzato questa idea con una frase incisiva: "*La mente non è nel cervello. La mente è nel mondo*". Non significa negare il ruolo della biologia. Significa riconoscere che la coscienza è un fenomeno relazionale. Nasce dall'intreccio, vive nello scambio.

Questa prospettiva conduce a una tesi forte. La coscienza appare come un campo dinamico. Non è qualcosa che possediamo, come un oggetto personale riposto in tasca. È un processo cui partecipiamo. Una dimensione estesa in cui siamo contemporaneamente individui e nodi di una rete più ampia.

Nessuno di noi pensa davvero da solo. Le idee circolano. Si trasformano. Si combinano. Diventano patrimonio comune. In questa circolazione emergono strutture più grandi dell'individuo. Crescono sistemi cognitivi collettivi. Forme di intelligenza che non appartengono a un singolo, ma alla trama stessa delle relazioni umane.

Alla fine, ciò che impariamo da questo viaggio è semplice e radicale. La mente non è una fortezza.

- È una connessione.
- Una finestra aperta sul mondo.
- Un luogo in cui il personale e il collettivo si incontrano.
- Un campo in cui ognuno di noi lascia un'impronta e da cui, nello stesso tempo, riceve forma.

È questa la nuova mappa della mente che si delinea davanti a noi. Una mappa più ampia, più interattiva, più consapevole della nostra partecipazione a un processo che ci supera, ma di cui siamo parte essenziale.

I limiti della conoscenza attuale.

Ogni teoria che ambisce a comprendere la coscienza deve partire da un atto di umiltà. Sappiamo molto meno di quanto vorremmo. E ciò che sappiamo cambia di continuo. La storia della scienza è costellata di verità temporanee. Pierre Duhem, all'inizio del Novecento, ricordava che ogni modello è solo una rappresentazione, una mappa. Non è mai il territorio.

Anche oggi la situazione è simile. Il problema mente-corpo resta uno dei più difficili della filosofia. Thomas Nagel, nel 1974, lo riassunse con una domanda spiazzante: "*Che cosa si prova a essere un pipistrello?*". Una formula semplice per dire che nessun esperimento, per quanto sofisticato, riesce a spiegare l'esperienza soggettiva. Il come. Ma soprattutto il perché. Le neuroscienze mappano correlazioni. Non chiariscono l'origine profonda del sentire.

La fisica, dal canto suo, offre ipotesi affascinanti. Ma non definitive. Negli anni Ottanta il fisico John Wheeler propose l'idea del "*partecipatory universe*". Un universo in cui l'osservatore gioca un ruolo attivo. Una visione potente. Ma ancora lontana da una descrizione rigorosa della coscienza. Lo stesso vale per le teorie che cercano correlazioni tra processi mentali e fenomeni quantistici. Sono piste di lavoro. Non sono certezze.

ONESTÀ INTELLETTUALE E PRUDENZA.

La prudenza è indispensabile. Anche quando alcune scoperte sembrano suggerire dinamiche sincronizzate di gruppo. Anche quando la tecnologia sembra indicare nuove forme di interconnessione mentale. La tentazione di costruire conclusioni affrettate è sempre in agguato. Nel 1903, all'Accademia delle Scienze di Parigi, il ricercatore René Blondlot annunciò la scoperta dei misteriosi "raggi N". Sembravano una nuova forma di radiazione. Decine di scienziati francesi confermarono l'osservazione. Ma quando Robert Wood, fisico americano, visitò il laboratorio, smontò di nascosto uno degli strumenti usati negli esperimenti. I "raggi" continuarono a manifestarsi. Erano un prodotto dell'aspettativa. Non della natura. È un episodio emblematico. Ricorda quanto sia labile la linea che separa la scoperta dall'illusione.

Lo stesso principio vale oggi per la ricerca sulla coscienza. Le teorie più innovative devono essere accolte con interesse. Ma anche con rigore. L'onestà intellettuale non è un freno. È un metodo. Protegge dall'entusiasmo incontrollato. Evita la nascita di nuovi dogmi che sostituiscano quelli antichi. Karl Popper lo disse con chiarezza: la scienza avanza confutando, non confermando. Procede per errori corretti. Non per certezze accumulate.

Anche la tecnologia richiede cautela. Gli sviluppi recenti dell'intelligenza artificiale alimentano speranze e paure. Ma il confine tra simulazione e coscienza resta oscuro. Nel 1997, quando il supercomputer Deep Blue sconfisse Garry Kasparov, molti parlarono di una "mente elettronica". Ma lo stesso Kasparov ricordò che la macchina non provava nulla. Nessuna emozione. Nessuna intuizione. Solo calcolo. Forse estremamente rapido. Ma pur sempre calcolo.

Nello studio della coscienza, la prudenza diventa quindi una bussola. Non per limitare la ricerca. Ma per orientarla. Serve a ricordare che non tutto ciò che appare misterioso è una prova. Non tutto ciò che affascina è reale. Le rivoluzioni scientifiche sono rare. E spesso nascono da anni di lavoro silenzioso, più che da annunci spettacolari.

Oggi siamo in un territorio di frontiera. Le domande sono più numerose delle risposte. Le ipotesi superano le verifiche. È un momento delicato. E prezioso. Perché ci permette di esplorare senza cadere nella pretesa di aver già capito tutto.

La coscienza rimane uno dei grandi enigmi della nostra epoca. Riconoscerlo è un gesto di forza, non di debolezza. Significa accettare che la ricerca è aperta. E che la prudenza è il modo più onesto per proseguire il cammino.

Solo così potremo evitare illusioni. E costruire, passo dopo passo, una mappa della mente che non sia solo suggestiva, ma anche confermata.

Piste di ricerca emergenti.

Le strade aperte dalla ricerca contemporanea sono molteplici. E spesso si incrociano in punti inattesi. La coscienza, oggi, non è più studiata solo da neuroscienziati e filosofi. Attira fisici teorici, informatici, linguisti, antropologi, ingegneri. È un tema che attraversa le discipline. E che le costringe a dialogare.

Le neuroscienze stanno vivendo un momento di espansione rapida. Anche grazie a progetti di grande ambizione. A Losanna, il "*Blue Brain Project*", guidato da Henry Markram, tenta dal 2005 di ricostruire digitalmente porzioni del cervello umano. Nel 2015 il gruppo ha presentato la prima simulazione completa di una colonna corticale di ratto. Un risultato ottenuto dopo anni di lavoro e migliaia di registrazioni elettrofisiologiche. Non è ancora la mente. Ma è un primo passo per comprendere come gruppi di neuroni generino schemi di attività complessi, forse precursori di stati consci.

La ricerca su larga scala continua anche altrove. Nel 2023 l'"*Australian Connectome Project*" ha pubblicato la mappa più dettagliata mai realizzata delle connessioni neuronali umane. Una sorta di carta geografica del cervello. Uno strumento che permette di vedere il sistema nervoso come rete. E non come somma di regioni isolate. È un cambio di paradigma. Porta gli studiosi a considerare la coscienza come processo emergente da interazioni distribuite.

L'intelligenza artificiale aggiunge un altro livello. Non solo perché simula alcune funzioni cognitive. Ma perché obbliga a chiarire cosa significhi "pensare". Nel 2016 Demis Hassabis, fondatore di DeepMind, dichiarò che i sistemi di apprendimento profondo avrebbero permesso di "*studiare la mente dall'esterno*". Una frase provocatoria. Che oggi, con i modelli generativi sempre più complessi, risuona in modo nuovo. Le IA non sono coscienti. Ma rappresentano un laboratorio teorico. Una piattaforma che permette di testare ipotesi sul linguaggio, sulla memoria, sulla percezione astratta.

Alcuni ricercatori cercano di unificare mente biologica e sistemi informazionali. Giulio Tononi, nato a Trento nel 1960 e ora professore a Madison, propone da anni l'"*Integrated Information Theory*". Un modello che tenta di misurare la coscienza tramite la quantità di informazione integrata prodotta da un sistema. È una teoria discussa. Ma ha il merito di mettere sullo stesso piano cervello, computer e fenomeni fisici. E di suggerire che la coscienza possa essere vista come proprietà di certe architetture, non solo di certi organismi.

Anche la filosofia vive un nuovo protagonismo. L'enattivismo, sviluppato da Francisco Varela all'inizio degli anni Novanta, rimette al centro l'interazione tra organismo e ambiente. Varela sosteneva che "la mente non è dentro di noi. È tra noi e il mondo". Un'idea che oggi appare sorprendentemente attuale, soprattutto nella discussione sul ruolo del corpo e dei contesti sociali nella generazione dell'esperienza. L'enattivismo riporta la coscienza nel terreno della vita concreta. Nel gesto. Nello sguardo. Nella relazione.

La fisica, dal canto suo, esplora nuovi territori. Negli ultimi anni alcuni gruppi, come il "*Complexity Science Hub*" di Vienna, hanno iniziato a studiare la mente con gli strumenti della teoria dei sistemi complessi. L'ipotesi è che la coscienza possa essere trattata come un fenomeno di coerenza informazionale. Non legata a particelle o regioni cerebrali specifiche. Ma allo stato globale di un sistema attraversato da flussi organizzati di informazione. Una visione ancora preliminare. Ma promettente.

È interessante notare come queste direzioni di ricerca, pur nascendo da campi diversi, convergano verso una domanda comune. Come funziona davvero il pensare umano? È una domanda antica. Ma oggi assume una forma diversa. Perché la mente non è più vista come meccanismo interno. È pensata come processo diffuso, come interazione continua, rete che si auto-organizza.

La scienza contemporanea sembra avvicinarsi a una nuova idea di coscienza. Non un punto, ma un campo. Non un oggetto, ma una relazione.

Il lavoro che resta da fare è immenso. Ma per la prima volta nella storia abbiamo strumenti, linguaggi e modelli che permettono di affrontare il problema da più direzioni contemporaneamente. È forse questo il segnale più importante che la conoscenza sta cambiando forma. E con essa il nostro modo di immaginare la mente.

La visione del futuro.

Il futuro della teoria del campo di coscienza dipenderà dalla capacità di adattarsi. E di dialogare con discipline diverse. È una prospettiva in linea con lo spirito della nostra epoca, in cui la conoscenza cresce ai confini tra mondi lontani. Medicina, psicologia, fisica dei sistemi complessi, filosofia della mente. Ognuna porta un frammento. Il passo decisivo sarà riuscire a ricomporli.

Come questa teoria potrebbe evolvere.

Immaginare questa evoluzione significa guardare alle trasformazioni già in atto. La medicina, per esempio, si sta aprendo a una visione più integrata del benessere mentale. Negli Stati Uniti, il "*Center for Healthy Minds*" di Madison ha iniziato a collaborare con scuole e ospedali per misurare gli effetti delle pratiche contemplative sul funzionamento del cervello. È un segnale che la scienza sta esplorando la dimensione collettiva e relazionale degli stati di coscienza. Non solo i loro correlati biologici.

La psicologia, dal canto suo, assiste a una rinascita degli studi sulla percezione condivisa. Nel 2024 l'Università di Amsterdam ha lanciato un progetto sulle dinamiche di attenzione collettiva nei grandi eventi pubblici. Lo scopo è capire come gruppi di persone generino stati mentali sincronizzati. Una ricerca che potrebbe dialogare con l'idea di un campo psichico distribuito. E che offre nuovi strumenti per comprendere come si formano emozioni e credenze di massa.

La fisica dei sistemi complessi apre un altro scenario. Alcuni laboratori, come il "*Complexity Science Hub*" di Vienna, stanno studiando l'emergere di coerenze globali in reti dinamiche. Non parlano di "coscienza". Parlano di stati organizzati, capaci di mantenere un senso interno. È una direzione che, in futuro, potrebbe fornire modelli matematici utili per descrivere campi mentali. Senza cadere nella metafora. O nella speculazione.

La filosofia avrà un ruolo altrettanto decisivo. In particolare, la filosofia della mente, che negli ultimi anni ha riscoperto il valore delle prospettive relazionali. Nel 2018 la rivista Mind pubblicò un numero speciale dedicato alle "menti distribuite". Un tema che sta superando i confini accademici. E che potrebbe diventare una cornice per ripensare la coscienza come processo che nasce non solo dal cervello. Ma dall'ambiente, dalla cultura, dalle relazioni.

Il futuro dipenderà però soprattutto dalla tecnologia. Le reti neurali artificiali stanno modificando la nostra idea di intelligenza. Non perché imitino la mente umana. Ma perché obbligano a capire cosa manca loro. E cosa, invece, condividono con noi in termini di organizzazione dell'informazione. Più si espandono, più costringono a domande nuove. Fino a qualche anno fa queste domande sembravano fantascienza.

Lo stesso accade per la realtà aumentata. E per le interfacce cervello-macchina. Nel 2021 un paziente paralizzato, seguito dal team di neuroscienziati dell'Università della California a San Francisco, riuscì a comunicare digitando intere frasi grazie ai segnali elettrici raccolti da un impianto cerebrale. Non è soltanto un progresso medico. È un indizio. Mostra che il confine tra mente biologica e infrastruttura digitale può diventare permeabile.

Se queste tecnologie continueranno ad avanzare, il campo mentale del futuro potrebbe trasformarsi. Potrebbe diventare un ambiente ibrido. In parte organico, in parte elettronico. Un territorio in cui la coscienza non si limita più a emergere dal corpo, ma dialoga con strumenti esterni, con reti intelligenti, con sistemi che ampliano percezione, memoria, comprensione.

È un'idea che ricorda alcune intuizioni degli anni Sessanta. Quando Marshall McLuhan parlava dei media come "*protesi della mente*". Oggi quella metafora si avvicina alla realtà. Perché il digitale non si limita a estendere il nostro sguardo. Potrebbe, un giorno, estendere il nostro campo cosciente, allargare lo spazio mentale condiviso, ridisegnare il modo in cui pensiamo insieme.

Il futuro della teoria del campo di coscienza potrebbe quindi prendere due strade. Una teorica. Sempre più interdisciplinare. Una pratica. Legata alle infrastrutture della vita quotidiana. Città progettate per favorire la concentrazione e non il sovraccarico sensoriale. Scuole che tengono conto delle dinamiche collettive di apprendimento. Spazi digitali costruiti non per manipolare attenzione e desideri, ma per amplificarne la qualità.

In questo scenario la coscienza diventa un laboratorio aperto. Un luogo dove biologia, cultura e tecnologia si incontrano. E generano forme nuove di esperienza. Non sappiamo ancora quali, ma possiamo intuire che il nostro modo di pensare non è destinato a rimanere identico a se stesso.

E che il campo mentale del futuro potrebbe essere più vasto, forse persino più consapevole.

Epilogo.

Ogni libro è un ponte. Unisce ciò che sapevamo a ciò che non avevamo ancora immaginato. Questo viaggio nella mente – nelle sue radici biologiche, nelle sue estensioni culturali, nella sua possibile natura di campo condiviso – non offre risposte definitive. Offre prospettive. Apre scenari. Invita a guardare la coscienza con occhi nuovi.

Viviamo in un'epoca in cui i confini tradizionali – tra individuo e collettività, tra mente e tecnologia, tra sapere scientifico e intuizione interiore – si stanno trasformando. È un cambiamento che si sente nelle conversazioni quotidiane, negli spazi digitali, nelle nuove forme di cooperazione globale, ma anche nella fragilità emotiva di un mondo che sembra accelerare senza sosta.

La sfida è non perdere il centro. Non dimenticare che la mente è relazione, ascolto, attenzione. La filosofia antica lo sapeva già. Socrate parlava del "*dialogo dell'anima con se stessa*". Oggi quel dialogo non avviene soltanto dentro di noi. Avviene tra noi. Attraverso le parole, le reti, le culture. Avviene nello scambio continuo che tiene viva la nostra capacità di pensare.

Forse la vera scoperta di questo viaggio è semplice. La coscienza cresce quando la condividiamo. Si espande quando siamo disposti a rimettere in discussione le nostre certezze. Si approfondisce quando incontriamo gli altri non come ostacoli, ma come compagni di ricerca. In un'epoca segnata da divisioni e polarizzazioni, questa consapevolezza potrebbe essere un balsamo. O addirittura una cura.

Il futuro della mente non è scritto. Dipenderà da come useremo gli strumenti che stiamo creando. Dipenderà dal coraggio con cui esploreremo le frontiere interiori. Dipenderà dalla nostra capacità di unire conoscenza e compassione, rigore e immaginazione. È una responsabilità grande, ma anche un'opportunità rara: contribuire, ciascuno a suo modo, a una nuova stagione del pensiero umano.

Se le idee di questo libro avranno un seguito, sarà nelle scelte quotidiane di chi lo legge, nella curiosità rinnovata, nella volontà di ascoltare, nel desiderio di comprendere ciò che ci unisce. È lì che nasce l'intelligenza collettiva. Non nelle macchine, non nei laboratori, ma nelle persone capaci di guardare il mondo con occhi aperti.

Alla fine, la mappa della mente è un'opera collettiva. Si disegna insieme. E continua a cambiare, come cambiamo noi.

Appendici.

Appendice A – Linee di ricerca e studi citati.

Questa appendice raccoglie le principali correnti scientifiche, filosofiche e interdisciplinari che hanno ispirato i capitoli del libro. Non offre un catalogo esaustivo, ma un orientamento utile per esplorare i temi trattati.

Neuroscienze della coscienza.

• Ricerche sullo spazio di lavoro globale (*Global Workspace Theory*) condotte da Bernard Baars e, successivamente, Stanislas Dehaene.

• Studi sulla complessità dell'attività cerebrale e correlati della coscienza, con contributi di Giulio Tononi e il modello dell'IIT (*Integrated Information Theory*).

• Analisi di sincronizzazione neurale e coerenza interpersonale, grazie a tecniche come hyperscanning, sviluppate da Vittorio Gallese, Uri Hasson e altri gruppi di ricerca.

Psicologia e scienze cognitive.

• "*The Extended Mind*" di Andy Clark e David Chalmers, che esplora il ruolo degli strumenti e dell'ambiente nei processi cognitivi.

• "*Approccio enattivo*" ed "*embodied cognition*" sviluppato da Francisco Varela, Eleanor Rosch ed Evan Thompson.

• Studi sui campi emotivi di gruppo, contagio emotivo e regolazione sociale delle emozioni, con contributi di Jonatan Haidt e Lisa Feldman Barrett.

Fisica dei sistemi complessi.

• Idee di David Bohm sull'ordine implicato, che hanno influenzato la riflessione sulla continuità tra mente e realtà profonda.
• Teorie dei sistemi complessi e auto-organizzazione, dal lavoro di Ilya Prigogine a quello di Stuart Kauffman.
• Concetti di emergenza e coerenza informazionale utilizzati in modelli interdisciplinari della coscienza.

Antropologia, sociologia e studi culturali.
• La nozione di coscienza collettiva introdotta da Émile Durkheim e reinterpretata in chiave contemporanea da autori come Edgar Morin.
• Analisi della noosfera e dell'evoluzione culturale globale proposte da Pierre Teilhard de Chardin.
• Modelli di intelligenza collettiva e reti collaborative sviluppati da Pierre Lévy.

Tecnologia e interfacce mente–macchina.
• Studi moderni sulle interfacce neurali, grazie ai lavori di Miguel Nicolelis, Mary Lou Jepsen e dei gruppi di ricerca su BCI non invasive.
• Ricerche sulla cognizione aumentata e sugli ambienti ibridi uomo-tecnologia, spesso legate all'HCI (*human–computer interaction*) e al design cognitivo.
• Analisi dei flussi informativi e delle dinamiche collective nei social network, con contributi di Sinan Aral e colleghi.

Storia delle idee e filosofia della mente.
• Le radici antiche delle riflessioni sulla coscienza: da Platone alla filosofia buddista, passando per Cartesio e il problema mente-corpo.
• Sviluppi contemporanei del dibattito sulla soggettività, con autori come Thomas Nagel, Daniel Dennett e David Chalmers.
• Approcci fenomenologici (Husserl, Merleau-Ponty) e la loro influenza sugli studi moderni dell'esperienza vissuta.

Appendice B – Esperimenti e protocolli possibili.

Questa appendice propone una descrizione chiara e accessibile delle principali linee sperimentali discusse nel libro. Gli esperimenti immaginati non richiedono necessariamente tecnologie futuristiche, ma integrano strumenti già oggi disponibili, adattati per esplorare fenomeni complessi come la sincronizzazione cerebrale, i campi emotivi di gruppo e le dinamiche informazionali tra individui e sistemi artificiali.

Esperimenti sulla sincronizzazione cerebrale.

Obiettivo: Misurare come e quando più cervelli mostrano pattern di attività sovrapponibili durante interazioni naturali o guidate.

Protocollo:

• Utilizzo di tecniche di hyperscanning (EEG o fNIRS) su coppie o piccoli gruppi impegnati in compiti collaborativi.

• Analisi della coerenza delle onde cerebrali nelle bande alfa, theta e gamma durante conversazioni spontanee o compiti condivisi.

• Confronto tra situazioni ad alta risonanza emotiva (musica, storytelling, contatto visivo) e situazioni neutrali.

Risultati attesi: Identificazione di specifici "momenti di aggancio" neurale che potrebbero rappresentare una base fisiologica dell'intuizione reciproca e dell'empatia.

Studi sui campi emotivi di gruppo.

Obiettivo: Esplorare come stati emotivi condivisi si diffondono in un gruppo e se possono essere misurati attraverso indicatori fisiologici o comportamentali.

Protocollo:

• Registrazione simultanea di parametri come ritmo cardiaco, conduttanza cutanea e micro-espressioni in gruppi da 10 a 50 persone.

• Manipolazione controllata di stimoli (musicali, narrativi, visivi) per indurre emozioni collettive.

• Mappatura delle variazioni emotive in tempo reale attraverso software di analisi sociometrica.

Risultati attesi: Evidenze quantificabili del "contagio emotivo", con fasi di convergenza e divergenza degli stati affettivi all'interno del gruppo.

Modelli informazionali applicati alla coscienza.

Obiettivo: Analizzare come l'organizzazione dell'informazione all'interno di sistemi umani o misti (umano–IA) possa generare stati coerenti, predittivi o emergenti.

Protocollo:

• Simulazioni con reti neurali artificiali addestrate a interagire con soggetti umani in compiti di problem solving condiviso.

• Misurazione dell'entropia informazionale del sistema (variazioni di ordine/disordine) durante la collaborazione.

• Confronto tra performance individuale, performance collettiva e performance in coppia umano–IA.

Risultati attesi: Individuazione di soglie di coerenza informazionale correlate a stati di efficienza cognitiva superiore.

Interazioni mente–tecnologia in ambienti aumentati.

Obiettivo: Comprendere come interfacce digitali e ambienti immersivi modifichino la percezione, la memoria e l'attenzione.

Protocollo:

• Utilizzo di visori di realtà virtuale e sensori di eye tracking per monitorare l'attenzione condivisa in scenari virtuali.

• Manipolazione controllata della complessità informativa dell'ambiente (suoni, oggetti, densità di stimoli).

• Misura della memoria episodica e della velocità di reazione prima e dopo l'esposizione.

Risultati attesi: Stima dell'impatto cognitivo degli ambienti aumentati e della loro capacità di facilitare stati di immersione mentale.

Protocolli interdisciplinari per gruppi eterogenei.
Obiettivo: Integrare neuroscienze, psicologia, antropologia e scienza dei dati in un unico quadro sperimentale.
Protocollo:

- Studio longitudinali su comunità reali (scuole, team creativi, gruppi sportivi).
- Raccolta di dati multimodali: interviste fenomenologiche, misure fisiologiche, osservazioni comportamentali, analisi dei flussi informativi digitali.
- Modellizzazione dei pattern emergenti tramite algoritmi di apprendimento automatico.

Risultati attesi: Ricostruzione di "profili di coscienza collettiva" che mostrano come gruppi diversi generano significati, regolano le emozioni e prendono decisioni.

Appendice C– Cronologia estesa delle idee sulla coscienza.

Questa versione della cronologia non si limita a elencare le tappe principali, ma le inserisce in un affresco più ampio: mostra come ciascuna epoca abbia ridefinito ciò che intendiamo per "coscienza", come concetto scientifico, filosofico, etico e religioso. L'obiettivo è offrire una visione storica che dia al lettore la sensazione di un lungo dialogo ininterrotto tra culture, discipline e intuizioni.

Antichità (circa 3000 a.C. – 500 d.C.)

Nelle civiltà antiche la coscienza non è ancora un concetto astratto: è intrecciata con la vita, la morte e il cosmo.

• *Tradizioni egiziane e mesopotamiche:*

il cuore è il centro della persona. La mente come la intendiamo oggi non è localizzata nel cervello; ciò che chiamiamo coscienza è un intreccio di respiro, emozione e identità spirituale.

• *Pensiero indiano:*

le Upanishad parlano di una consapevolezza profonda, universale. Il buddhismo introduce l'idea di una mente senza sé permanente, un flusso in trasformazione. Queste intuizioni anticipano, in modo sorprendente, concetti moderni come il self emergente e la plasticità mentale.

• *Grecia antica:*

– Platone inserisce la coscienza in un quadro metafisico: un'anima che ricorda forme eterne.

– Aristotele la radica nel corpo vivo, inaugurando una tradizione naturalistica destinata a riemergere nei secoli successivi.

La coscienza è vista come anima, vita, respiro, ordine del mondo. Non come un problema, ma come l'essenza stessa dell'umano.

Medioevo (500 – 1400).

La coscienza assume una valenza morale e teologica.

• *Cristianesimo:*

la "voce interiore" diventa il luogo del discernimento. Non è un concetto psicologico, ma spirituale.

• *Filosofia islamica:*

Avicenna formula l'esperimento dell'uomo volante, un'intuizione straordinariamente moderna. Immagina un individuo sospeso nel vuoto, privo di sensi, che nondimeno "sa" di esistere. È uno dei primi tentativi di indagare la coscienza come esperienza immediata del sé.

• *Tommaso d'Aquino e la questione della volontà:*

il libero arbitrio viene collegato alla capacità della coscienza di valutare e scegliere.

La coscienza medievale è meno introspezione psicologica e più partecipazione a un ordine morale condiviso.

Rinascimento e prima età moderna (1400 – 1700).

Un cambiamento radicale: l'uomo torna a studiare se stesso come fenomeno naturale.

• *Nuova attenzione al corpo:*

dissezioni, studi sul cervello, primi collegamenti tra struttura biologica e processi mentali.

• *Cartesio:*

divide mente e corpo, e questa divisione segna la scienza per secoli. Pur criticato, il dualismo cartesiano ha avuto il merito di rendere la coscienza un oggetto di indagine razionale.

• *Spinoza:*

risponde con un monismo audace. Mente e corpo non sono due sostanze, ma due prospettive su una stessa realtà. È un'intuizione che anticipa molte teorie contemporanee della mente incarnata.

In questo periodo nasce l'idea di soggetto moderno: autocosciente, autonomo, interrogativo.

Illuminismo e Ottocento (1700 – 1900).

L'Io diventa un fenomeno psicologico e sociale.

• *Empirismo britannico*:

Locke e Hume analizzano le impressioni sensoriali e il flusso dell'esperienza, inaugurando un'attenzione alla percezione e alla memoria che diventerà centrale.

• *Kant:*

la coscienza non è solo esperienza, ma la struttura che rende possibile ogni esperienza. Introduce una distinzione tra fenomeno e noumeno destinata a influenzare la filosofia e le neuroscienze.

• *Nascita della psicologia:*

Charcot esplora l'ipnosi; William James descrive la coscienza come flusso continuo e dinamico.

• *Darwin:*

suggerisce che la mente evolve. La coscienza diventa un prodotto della storia naturale, non un'entità astratta.

La coscienza si sposta dall'anima alla mente, dalla metafisica alla biologia.

Prima metà del Novecento (1900 – 1950).

Un secolo di rivoluzioni interne.

• *Fenomenologia:*
Husserl e Merleau-Ponty portano l'attenzione sull'esperienza vissuta, sul corpo come condizione della percezione.
• *Freud e Jung:*
l'inconscio entra nella scena del secolo. La coscienza non è più padrona della casa interiore.
• *Behaviorismo:*
paradossalmente, la coscienza scompare dalla scienza. Poiché non misurabile, viene sospesa.
È un periodo di tensione: tra introspezione, scienza sperimentale e profonde trasformazioni culturali.

Seconda metà del Novecento (1950 – 2000).

La coscienza ritorna, questa volta come problema scientifico.
• *Nascita delle scienze cognitive:*
la mente come elaborazione di informazione.
• *Thomas Nagel pone il famoso interrogativo:*
"Che cosa si prova a essere un pipistrello?". L'esperienza soggettiva diventa il cuore del problema.
• *Filosofia della mente:*
si discutono qualia, identità, IA.
• Sistemi complessi:
Bohm introduce l'ordine implicato, suggerendo una realtà più profonda della superficie.
• *Idee di Teilhard de Chardin e Pierre Lévy:*
emerge la nozione di una coscienza non solo individuale, ma collettiva, planetaria, distribuita.
La coscienza diventa contemporaneamente computazione, esperienza e relazione.

XXI secolo (2000 – oggi).

Un'epoca in cui più discipline dialogano tra loro.
• *Neuroscienze:*

Global Workspace Theory e Integrated Information Theory offrono modelli sofisticati e contrastanti.

• *Hyperscanning:*
la coscienza non è solo "nel cervello", ma anche "tra cervelli".

• *Approach 4E:*
la mente è incarnata, situata, estesa, enattiva.

• *Psicologia dei gruppi:*
contagio emotivo, campi affettivi, dinamiche emergenti.

• *Interfacce neurali e IA:*
nasce una cognizione ibrida. Ciò spinge a ripensare la coscienza come fenomeno distribuito in reti, sistemi e tecnologie.

• *Coscienza collettiva: da ipotesi filosofica a tema di ricerca trasversale.*

La coscienza non è più solo un problema: è un ecosistema complesso.

Bibliografia ragionata.

Opere fondamentali sulla coscienza.

Testi che hanno definito il campo contemporaneo della ricerca sulla coscienza.

• Edelman, G. – "Biologia della coscienza". Un modello evoluzionistico e neurale della coscienza come processo selettivo.

• Tononi, G. – "Phi" e "La coscienza spiegata". Fondamenti della Integrated Information Theory.

• Dehaene, S. – "Coscienza e cervello". Sintesi magistrale della Global Workspace Theory.

• Koch, C. – "La coscienza. Una ricerca scientifica". Approccio neuroscientifico integrato.

• Nagel, T. – "What is it like to be a bat?". L'articolo che ha ridefinito il problema dell'esperienza soggettiva.

Filosofia della mente e fondamenti concettuali.

Riferimenti che forniscono l'ossatura filosofica ai dibattiti su qualia, identità e stati mentali.

• Chalmers, D. – "La mente cosciente". Il problema difficile della coscienza.

• Dennett, D. – "Coscienza spiegata". Una visione funzionalista e antidualista.

• Searle, J. – "La mente". Biologia, intenzionalità, critica ai modelli computazionali forti.

• Husserl, E. – "Meditazioni cartesiane". Centrale per comprendere la fenomenologia come studio dell'esperienza.
• Merleau-Ponty, M. – "Fenomenologia della percezione". Fondativo per il paradigma della mente incarnata.
• Whitehead, A. N. – "Process and Reality". Una visione processuale della coscienza e della natura.

Neuroscienze sociali, intersoggettività e sincronizzazione.
Per approfondire temi come risonanza, empatia, cervelli in interazione e iperscanning.
• Gallese, V. – "La mente multicorporea". Nascita del concetto di simulazione incarnata.
• Rizzolatti, G. – "Neuroscienze e sistemi dei neuroni specchio". Radici neurobiologiche dell'intersoggettività.
• Hari, R. & Kujala, M. – Studi sulla "brain-to-brain synchrony" e sulle neuroscienze sociali.
• Hasson, U. – Ricerche sulla sincronizzazione neurale durante la comunicazione naturale.
• Schilbach, L. – "Social Neuroscience". Una panoramica sul cervello in relazione.

Psicologia dei gruppi, emozioni collettive e fenomeni emergenti.
Opere che offrono strumenti concettuali per comprendere i "campi emotivi di gruppo".
• Durkheim, É. – "Le forme elementari della vita religiosa". Il concetto di effervescenza collettiva.
• Le Bon, G. – "La psicologia delle folle". Classico problematico ma influente.
• Turner, J. & Tajfel, H. – "Social Identity Theory". Dinamiche identitarie nei gruppi.
• Rimé, B. – "La condivisione sociale delle emozioni". Come le emozioni circolano e si amplificano.

Teorie della complessità e sistemi emergenti.

Fondamentali per comprendere la visione della coscienza come fenomeno distribuito.

• Prigogine, I. – “La fine delle certezze”. Teoria del caos e strutture dissipative.

• Morin, E. – “Il Metodo”. Complessità, organizzazione, auto-eco-organizzazione.

• Maturana, H. & Varela, F. – “L'albero della conoscenza”. Enattività e sistemi viventi.

• Holland, J. – “Emergence”. Introduzione ai fenomeni emergenti nei sistemi complessi.

• Barabási, A.-L. – “Linked”. Teoria delle reti e connettività complessa.

Mente incarnata, 4E cognition e nuovi paradigmi.

Per la parte del libro dedicata ai modelli enattivi, distribuiti e corporei.

• Varela, Thompson & Rosch – “La mente incarnata”. Testo fondativo per la 4E cognition.

• Gallagher, S. – “How the Body Shapes the Mind”. Ruolo del corpo nella cognizione.

• Clark, A. – “Being There” e “Supersizing the Mind”. Mente estesa e integrazione con strumenti e ambiente.

• Thompson, E. – “Mind in Life”. Visione biologico-fenomenologica della coscienza.

Intelligenza artificiale, reti neurali e cognizione ibrida.

Per i capitoli in cui il libro discute interazioni uomo–IA e sistemi cognitivi misti.

• Rumelhart & McClelland – “Parallel Distributed Processing”. Nascita del connessionismo.

• Mitchell, M. – “Complexity” e “Artificial Intelligence”. IA vista con lenti sistemiche.

• Russell & Norvig – “Intelligenza Artificiale: un approccio moderno”. Manuale di riferimento.

• Bostrom, N. – “Superintelligence”. Discussa criticamente, utile per contesto e scenari.

• Floridi, L. – “La quarta rivoluzione”. Dimensione filosofica dell’infosfera.

Evoluzione, ecologia della mente e visioni allargate.
Per il contesto più ampio in cui si colloca la coscienza come fenomeno naturale ed ecologico.
• Darwin, C. – “L’origine dell’uomo”. Radici evolutive delle facoltà cognitive.
• Bateson, G. – “Verso un’ecologia della mente”. Un classico assoluto per pensare sistemi viventi e significato.
• Teilhard de Chardin – “Il fenomeno umano”. La noosfera come processo planetario.
• Lovelock – “Gaia”. La Terra come sistema autoregolante.

Tradizioni contemplative e modelli dell’esperienza.
Fonti utili per collegare scienza moderna e introspezione.
• Upanishad (varie edizioni).
• Testi buddhisti sulla meditazione (Satipatthana Sutta, Visuddhimagga).
• Tolle, E. – “Il potere di adesso”. Una lettura moderna dell’esperienza del presente.
• Ricard, M. – “Il Monaco e il Filosofo”. Dialogo tra scienza, pratica e introspezione.

Opere storiche e contesti culturali.
Per comprendere la genealogia delle idee sulla coscienza.
• Platone – “Fedro”, “Repubblica”.
• Aristotele – “De Anima”.
• Avicenna – “Libro della guarigione”.
• Cartesio – “Meditazioni metafisiche”.
• Spinoza – “Etica dimostrata secondo l’ordine geometrico”.
• Kant – “Critica della ragion pura”.
• William James – “Principi di psicologia”.

Che cosa accade davvero quando due persone si guardano negli occhi, quando un gruppo vibra all'unisono, quando una folla si muove come un unico organismo? Cosa si attiva, cosa emerge, cosa nasce nel "tra", in quello spazio sottile e potentissimo che ci unisce? E, soprattutto, dove finisce la coscienza individuale e dove comincia quella collettiva?

Per secoli abbiamo pensato la coscienza come un'esperienza privata, interna, racchiusa nel cervello di ogni individuo. Oggi, però, neuroscienze sociali, psicologia dei gruppi, scienze della complessità e nuove forme di intelligenza artificiale ci mostrano un'altra storia: la coscienza non è un'isola, ma una rete; non è una proprietà solitaria, ma un processo condiviso; non è un centro fisso, ma un fenomeno che si espande, si intreccia, si trasmette.

Questo libro accompagna il lettore in un viaggio che parte dalle antiche tradizioni contemplative e arriva alle ricerche più recenti su sincronizzazione neurale, risonanza emotiva, campi affettivi di gruppo e cognizione distribuita. Con uno stile accessibile, narrativo e allo stesso tempo rigoroso, esplora come le nostre menti si influenzino a vicenda, come emergano stati collettivi di coscienza e come, nei momenti di connessione profonda, si attivino forme di intelligenza emergente più grandi della somma delle parti.

Dalle raffinate mappe della fenomenologia,, dalle teorie della complessità ai dialoghi con l'intelligenza artificiale, ogni capitolo invita il lettore a scoprire un nuovo modo di comprendere l'umano: non più come individuo isolato, ma come nodo di una rete viva, sensibile, in continua trasformazione. Questo libro è scritto per chi desidera capire come funzioniamo quando siamo insieme, per chi percepisce che le nostre emozioni circolano, che i nostri cervelli dialogano, che le nostre coscienze si intrecciano. E per chi sente che il futuro della mente – e forse dell'umanità – si giocherà sempre più nella capacità di vivere, creare e pensare collettivamente.

L'autore.

Bruno Del Medico, nato nel 1946 in Sabaudia (Italia) nel corso della sua vita lavorativa si è occupato di informatica e sviluppo di software. Successivamente si è dedicato allo studio e alla divulgazione delle teorie scientifiche più attuali, come la teoria quantistica nella sua accezione metafisica. Attualmente Bruno Del Medico è autore di numerose opere pubblicate nelle Edizioni PensareDiverso. Il lavoro di Bruno Del Medico si distingue dalle narrazioni tradizionali nel campo delle scienze tecniche per il suo approccio critico, indipendente e non convenzionale. Invece di limitarsi a interpretazioni standard o al consenso generale su tematiche puramente scientifiche, Bruno Del Medico esplora prospettive alternative che spesso sono controcorrente, mettendo in discussione le assunzioni comunemente accettate.

Una caratteristica peculiare delle sue opere è la capacità di intrecciare scienza, etica e filosofia in un dialogo aperto, che incoraggia il lettore a riflettere autonomamente e a considerare le implicazioni più profonde delle innovazioni tecnologiche e scientifiche.

entanglement - fisica quantistica, non-località,
Coscienza - campo psichico - unità dell'esistente,
Ordine implicato - intelligenza cosmica,
Campi fisici - energia - interazioni fondamentali,
Inconscio collettivo - archetipi - morfogenetico,
Principio antropico - osservatore – universo,
Cervello ricevitore - mente estesa - informazione,

www.ingramcontent.com/pod-product-compliance
Lightning Source LLC
LaVergne TN
LVHW052308200926
848481LV00002B/505
* 9 7 9 1 2 8 2 5 4 9 9 7 4 *